U0015611

氣炸鍋，零失敗

炸、烤、煎、烘、焗、醬燒，一鍋多用！

80道
美味提案

CONTENTS 目錄

隱藏版菜單在其中

隱

CONTENTS 目錄

隱藏版菜單在其中

隱

掛川完熟酵母豚

おいしい肉は酵母で育つ

lt
榮騰農產
LONGTERM YEAST

【經營理念】

　　榮騰農產於2012年成立，遠赴海外與日本掛川酵母進行技術合作，在台灣以獨特酵母技術，還原大自然生生不息的樣貌，使畜禽蔬果在無需過多人為的參與下，以最原始、健康的方式，循環不止的生長。在經過不斷溝通、嘗試、及在地化調整後，榮騰在畜類產品的發展與進步對照傳統養殖業已不可同日而語。

　　榮騰農產秉持著企業良心與誠信，並以大眾健康為己任，全力培育出優質的掛川酵母肉品，"安全、安心、健康"就是榮騰對社會大眾的承諾。

【企業願景】

　　榮騰合作之契約農場位於彰化，環境整潔衛生寬敞，精選優良仔豬、並以日本掛川酵母全台唯一授權之掛川酵母飼料飼養，堅持無毒方式培育，不施打任何藥劑，再經由合格層宰廠屠宰、運送、分切盒裝，層層嚴格把關，保證了肉質的安全及營養完整。榮騰的願景，是讓美味與健康成為掛川酵母系列肉品的唯一評價，加上持續不斷努力、研發，使掛川酵母系列肉品不斷進步，成為肉品界的第一指標。

【未來展望】

　　榮騰農產目前以生產優質掛川完熟酵母豚肉品為主，掛川酵母系列肉品有別於一般認知之常溫肉，堅持從農場到餐桌全程低溫保鮮，載運過程不受溫度、生物汙染，各項環節鉅細靡遺為消費者把關，務必使顧客買到的每一份肉品，完全符合我們的承諾"安全、安心、健康"。

　　展望未來，我們希望把對肉品的用心推廣至各項食材，朝環境友善、自然農法的技術方向持續努力，讓更多好的食材在台灣孕育，國人有更好的飲食享受，在地便能購買到無毒天然的各項食材，讓料理變得簡單，也更加安心！

【服務項目】

　　掛川酵母系列生鮮豬肉、土雞肉

【公司沿革】

2012/08 榮騰農產股份有限公司成立。	2013/03 酵母豚開始供應餐廳。	2013/05 酵母豚於台北市超市通路販售。
2013/08 酵母豚於新竹市超市通路販售。	2013/12 酵母豚於全省超市通路販售。	2014/07 新加工廠及冷凍庫籌辦。
2015/01 新廠及冷凍庫竣工，榮騰公司廠辦合一，遷至新址。		

自序

「炸」出全家料理樂趣

自從女兒升上大學後，**JJ** 專屬的廚房竟有了意想不到的變化。

超馬先生不用再操心女兒的課業，多出來的時間，就會捲起衣袖入廚房，在 **JJ** 旁邊做下酒菜。不但原本擅長的「炸」功越來越精進，也重新燃起少時下廚的熱情，經常上網瀏覽食譜構思新菜式，開 **Party** 時給朋友一次又一次的驚喜，朋友都笑說 **JJ** 的大廚位置受威脅了！

至於在香港學校寄宿的女兒，漸漸了解外吃的壞處，也由零開始學習買菜、做菜，為自己煮，也為朋友煮，堪稱為「宿舍廚神」。假日放假回家，她更天天烘焙，讓家中總是瀰漫著垂涎的甜點、麵包香。

一人專屬的廚房，於是慢慢變成一家大小說說笑笑的角落。

善用器材，小空間也能在家辦Party

所有料理人，最期待的莫過於見到親朋好友吃罷美食眼角下垂、面露滿足笑容的瞬間。

我們經常邀請好友們來家中開 **Party**，三個人總是認真討論菜單、分配工作，甚至事前觀看名廚教學影片，複習做菜流程。準備十多個人份量的菜式看似艱辛，但我們都享受一同在廚房忙進忙出的默契和時光，「烹飪」真是維繫，甚至增進家人感情的最佳方式！

你也許曾經苦惱，如果家中的人有的喜歡做焗烤、有的喜歡炸的或者煎的、有的愛烘焙，小小的廚房豈非要添置好多配備？才不是，原來有了一部氣炸鍋，便能輕鬆做出各式美食。

用氣炸美食，聯絡家人和朋友的感情

這部小小的玩具，可塑性原來比想像中高得多，既可做黃金低油的炸物，也可做香噴噴的蛋糕，還有外脆內多汁的烤雞，省空間、容易做、快速、低卡健康。**JJ** 希望能夠藉著這本食譜，刺激大家隱藏體內的創意細胞，做出更多驚喜美食；最重要是，藉由美食聯絡家人和朋友的感情。

感謝來我家開趴的親朋好友，以及贊助書中頂級豬肉及雞肉的榮騰農產「掛川完熟酵母豚及酵母土雞」。當然還有布克文化、飛利浦公司，以及一直陪伴和關心 **JJ** 的粉絲們。

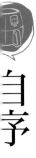

HD9220

PART 1

氣 炸 鍋 變 身 烹 飪 利 器 · Airfryer

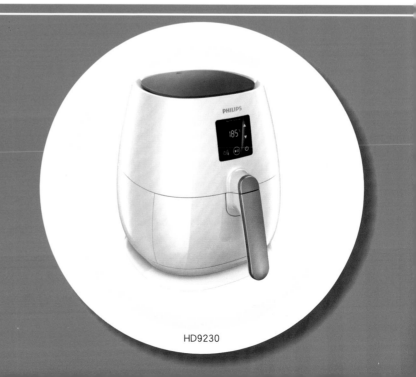

HD9230

HD9240

5分鐘學會操作氣炸鍋

　　很多人喜歡吃油炸的食物，卻怕在家裡開伙，弄得到處油膩膩的，因此跑到外面購買油炸食品，卻又擔心對方的油是否來源安全或乾淨？其實，只要在家備一台氣炸鍋，全部解決這些問題。同時，利用氣炸鍋的高速空氣循環技術及渦流氣旋科技，不只是炸，連煎、烤、烘、焗、醬燒都可以做到。好像除了做飯炊食之外，幾乎可以取代家中的瓦斯爐及烤箱了。

　　到底氣炸鍋有什麼優點？怎麼操作呢？接下來就以飛利浦的健康氣炸鍋HD9230及HD9220為例。飛利浦氣炸鍋主要分為數位觸控（HD9240五人份/HD9230三人份）與旋鈕式（HD9220），書中食譜以HD9240為示範。但不管是哪種氣炸鍋機型，會發現其實操作上一點也不困難，超簡單就可做好一道道美食。

快速圖解氣炸鍋構造

進風口/出風口

氣炸鍋是運用空氣加熱將食材煮熟，因此會有進風口（背面）及出風口（頂部）。而且食材加熱時會有熱氣從出風口（頂部）送出，請避免用手觸碰以免燙傷，並與牆壁保持距離，請勿擋住出風口與進風口。

控制面板設定或旋鈕設定

在此啟動氣炸鍋，並可依食材所需口感，輕鬆調整時間及溫度。

抽屜

這裡主要是放置料理食物的地方，可透過不同配件，如網籃或煎烤盤等，做出不同口感料理，如炸、煎、燒、烤等。

✿ Tips

旋鈕式的氣炸鍋操作更簡單，上面是溫度控制旋鈕，中間把手上是設定調理時間的計時器，旁有加熱指示器，預熱時會亮橘燈。

Airfryer

輕鬆 4 步驟，完成氣炸料理

氣炸鍋的操作也很方便，只要掌握 4 個步驟，即使新手也能快速做出好料理。

步驟

1. 先啟動開關。

2. 將食材放在氣炸鍋的專用網籃或煎烤盤上，放入炸鍋內，關上抽屜。切記：食材請保持距離，以免阻礙熱風循環。

3. 在面板上設定時間及溫度。

4. 按下面板上的「開始」按鈕，等計時器響時，佳餚就完成了。

如何正確清潔氣炸鍋

在使用完氣炸鍋後，可用清水或洗碗機清洗，十分方便。這裡就教大家如何快速清理氣炸鍋。但在清洗前，要記得將氣炸鍋插頭及電源完全關閉哦！

步驟

1. 將網籃拆下，鐵網上的油垢可用刷子及中性清潔劑刷洗乾淨後，再用清水沖乾淨，放通風處待乾。其中注意鐵網側邊也要用中性清潔劑刷洗。至於煎烤盤適用於不沾鍋的海綿及中性清潔劑刷洗，再用清水沖乾淨。網籃及煎烤盤也可用洗碗機清洗。

2. 主機可用抹布擦拭乾淨。

3. 每次使用後，當機器稍為放涼，還有點微溫時，以擠乾水的濕抹布把內部擦乾淨。

Tips

- 可在使用前將鋁箔紙平鋪於抽屜底部，並務必延著海星狀突起捏出紋路，料理中的油脂即會落於鋁箔紙中，清潔時僅需替換鋁箔紙，則可快速清潔。

- 為清理方便，在烹調油脂較多的食物時，可將氣炸鍋搭配抽油煙機一起使用，可避免家中殘留油煙味。

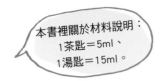

本書裡關於材料說明：
1茶匙＝5ml、
1湯匙＝15ml。

掌握4原則，輕鬆氣炸美食上桌

其實使用氣炸鍋跟一般烹煮一樣，只要掌握原則，例如高油脂食物如豬五花肉、帶皮雞肉、牛肋、鮭魚等，不用加油便可直接入鍋料理，過程中大部份的油脂會被排出。料理低油脂或無油脂食物如里肌肉、蝦子、蔬菜等，在入鍋時，在食材表面薄噴一層油，讓食物更美味及不致乾澀。接著分享如何用氣炸鍋的炸、煎、烤等技巧，讓新手可以快速掌握。

人氣氣炸鍋社群推薦

飛利浦氣炸鍋料理分享園地
https://www.facebook.com/groups/1552025598428367/?ref=ts&fref=ts（此為不公開網站，入社需申請審核）

飛利浦My Kitchen 氣炸鍋食譜，http://www.mykitchen.philips.com.tw/product/list/index/5

氣炸鍋美食撇步1 炸物

好用工具／網籃或專用煎烤盤

操作技巧

1. 網籃、煎烤盤都可做出油炸效果。要注意預熱讓鍋內的溫度均勻，食材放入後才會受熱均勻。

2. 若有加酥炸粉或麵衣等，要先靜置一些時間讓食材反潮，進氣炸鍋的時候，要再噴些油在網籃上。

3. 操作炸物時，建議最好中途抽出來觀看，並於食材定型後翻面，讓顏色均勻。

氣炸鍋美食撇步2 香煎

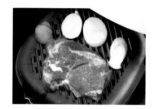

好用工具／專用煎烤盤

操作技巧

1. 如果食材含水量高，就要用二段式氣炸方式，例如肉類或海產，第一段先逼出水分，使食材熟成，第二段讓口感有香煎的感覺。

2. 搭配專用不沾煎烤盤，過程可以時時打開來觀察食材受熱變化。一段時間就要翻面，讓食材均勻受熱。

3. 乾煎的話，需要讓水分流出，食物表面才香酥，所以不需用鋁箔紙。只有醬料食物及幫助麵糊定型時，才需要鋁箔紙或烘焙紙輔助。

氣炸鍋美食撇步3 **燒烤**

好用工具／雙層串燒架

操作技巧

1. 燒烤前，建議先將氣炸鍋預熱到一定溫度。

2. 放入專用雙層串燒架，再把食材置於其上燒烤。

3. 如果燒烤時必須添加醬汁，建議改為專用煎烤盤，或是在串燒架下的網籃上鋪上鋁箔紙，可增加清潔便利性。

氣炸鍋美食撇步4 **烘焗**

好用工具／專用烘烤鍋

操作技巧

1. 料理前先將氣炸鍋預熱。

2. 將所有的調味料及主食放入專用烘烤鍋內，視情況是否用鋁箔紙包覆。

3. 以高溫烘焗，再視食材的多寡，決定烘焗時間到食材熟透。

型號／品名	可拆式防煙炸籃	專用煎烤盤	雙層串燒架	專用烘烤鍋	專用蛋糕模
HD9240	--	V	V	V	V
HD9230	V	V	V	--	--
HD9220	V	V	V	--	--

氣炸鍋常見配件

（▲此以飛利浦健康氣炸鍋型號為準，其他配件必須視各品牌型號而定）

PART 2

溫馨營養早餐健康學・Breakfast

法式火腿乳酪吐司條

蛋香撲鼻的早午餐經典款

三明治變化多端，冰箱只要有基本的雞蛋、火腿及乳酪，加上吐司，每天早上不用幾分鐘，花點巧思做點小變化，便可以做出新的模樣。以蛋液沾濕後再烤的吐司，口感濕潤蛋香撲鼻，搭配一杯咖啡，氣氛及味道都是滿分。

難易度： ●●○○○　　　**預計時間：7分鐘**

材料（2人份）

吐司	4片	雞蛋	1顆
火腿片	2片	奶油	2湯匙
乳酪片	2片		

步驟

1. 吐司去邊，鋪上乳酪片及火腿片，蓋上另一片吐司，平均切成三段。

2. 雞蛋打勻。奶油隔水加熱軟化，火腿乳酪吐司條的麵包表面先抹上奶油，再沾滿蛋液。

3. 氣炸鍋預熱180度，吐司條放在氣炸鍋專用煎烤盤上，烤4分鐘，中途翻面烘烤至金黃略焦即完成。

🐟 Tips

吐司條沾蛋液時要稍為浸泡，讓麵包吸滿蛋液。

草莓煉乳派

香蕉花生派

一鍋做二道

Go Cooking!

香蕉花生派&草莓煉乳派

在家也可來個晨間野餐

利用市售的酥皮麵糰，把當季的水果與搭配的醬料包起來。形狀隨著心情變換，一顆顆像小禮物般，可愛極了。假日早上讓小孩DIY自己的造型水果派，裝進竹籃裡去野餐！

香蕉花生派 難易度：██▓░░ 預計時間：10分鐘

材料（2人份）

新鮮香蕉（片）	1/2根
酥皮（11x11公分）	4片
花生醬	3湯匙
雞蛋（打勻）	1顆

步驟

1. 酥皮放上3/4茶匙花生醬及1/8根香蕉片。
2. 酥皮四角往中央捏緊。刷上蛋液，噴油在酥皮上。
3. 氣炸鍋預熱180度，香蕉花生派放在氣炸鍋專用煎烤盤上，烤7分鐘至金黃。

Tips 記得在酥皮派裡面要保留空間，不要過緊，讓酥皮有膨脹的空間。

草莓煉乳派 難易度：██▓░░ 預計時間：9分鐘

材料（2人份）

新鮮草莓（片）	2顆
酥皮（11x11公分）	2片
煉乳	2茶匙
雞蛋（打勻）	1顆

步驟

1. 1/4張酥皮放上煉乳1/2茶匙及1/2顆草莓片，蓋上另一張1/4張酥皮。
2. 沿邊緣用小叉子壓緊。
3. 刷上蛋液，噴油在酥皮上。
4. 氣炸鍋預熱180度，草莓煉乳派放在氣炸鍋專用煎烤盤上，烤6分鐘至金黃。

Tips
· 想要更討喜，可在步驟1時將酥皮壓成喜歡的形狀，再放上煉乳等料。
· 記得在酥皮派裡面要保留空間，不要過緊，讓酥皮有膨脹的空間。
· 小叉子壓邊緣時，可先沾點麵粉避免叉子與酥皮沾黏。

不失敗溏心蛋

日式香煎鮭魚

日式香煎鮭魚&不失敗溏心蛋

不出國也能吃到日本道地早餐

去日本旅行時，最愛吃當地飯店的早餐，清清淡淡中窺見日本人養生及美學哲學。回國後，懷念那滋味便學著自己做。這道可以兩個一起做，因為沒有比氣炸鍋更容易做日式溏心蛋了！整顆蛋放進去就OK。同時還可煎烤鮭魚，日系飯店早餐一瞬間Ready！

日式香煎鮭魚

難易度：●●○○○　　　預計時間：13分鐘

材料（1~2人份）

鮭魚	70克(約1片)
鹽	1/8茶匙
橄欖油	1/4茶匙

步驟

1. 鮭魚吸乾水分，抹上鹽巴及橄欖油醃漬10分鐘。
2. 氣炸鍋預熱170度，魚皮朝下，放在氣炸鍋專用煎烤盤上，先定時煎烤10分鐘。
3. 當計時器剩4分鐘時，將鮭魚用木匙翻面。
4. 10分鐘到時，計時器聲響起，再取出鮭魚盛盤。

Tips

- 在用氣炸鍋專用煎烤盤時，最好搭配木製鏟，以免刮壞表面。
- 計時器響起時，若怕魚肉不熟，可以用牙籤刺穿看看是否熟透。

不失敗溏心蛋

難易度：●○○○○　　　預計時間：9分鐘

材料（1~2人份）

雞蛋	1~2顆

步驟

1. 一定要將冰箱的雞蛋放室內回溫才放進氣炸鍋的專用煎烤盤上，否則容易爆裂。
2. 這道很適合跟上面的香煎鮭魚一起製作，省時又省力。一樣將氣炸鍋預熱170度，才放入雞蛋（跟鮭魚同時），約烤5分半～6分鐘即可成溏心蛋。
3. 取出雞蛋，泡冷水到蛋表皮冷卻再剝蛋殼即完成。

Tips

- 依氣炸鍋的專用煎烤盤可以同時做約2～3人份的香煎鮭魚及溏心蛋。
- 若小孩不敢吃半熟流質的雞蛋，則與鮭魚一起烤10分鐘便成全熟蛋。

烤地瓜

地瓜太陽蛋盅

烤地瓜VS.地瓜太陽蛋盅

早上健胃清腸的好料理

　　地瓜因纖維質高，有養生膳食美譽，偶爾早餐可以用一條
地瓜代替，幫助清腸胃。人體經過一夜的睡眠及代謝，腸胃道
已經處於排空的最佳時段，這時候進食高膳食纖維的地瓜，
能夠有效協助清除宿便。

烤地瓜

難易度： 預計時間：**20分鐘**

材料（2人份）

黃地瓜	250克(約1顆)
紅地瓜	250克(約1顆)

步驟

1. 地瓜洗淨，預先冷凍1小時。
2. 氣炸鍋專用煎烤盤預熱180度，放入地瓜，烤20分鐘。
3. 取出地瓜即可食用。

Tips

· 地瓜流出糖蜜便代表已烤熟。
· 讓人容易脹氣的地瓜，儘量不要晚餐進食，以免睡覺一直排氣。
· 細長的地瓜烘烤時間比厚圓型地瓜短，要留意烘烤時間。

地瓜太陽蛋盅

難易度： 預計時間：**50分鐘**

材料（2人份）

紅地瓜	400克(約1顆大地瓜)
雞蛋	1顆
鹽	少許

步驟

1. 前面步驟與「烤地瓜」相同：地瓜洗淨後，先冷凍1小時。再將氣炸鍋預熱180度，放入紅地瓜，因體積較大所以烤約40分鐘。此兩道也可以一起製作，即省時也省力。
2. 熟透的紅地瓜切半，中央挖空一顆雞蛋大小的空間，倒入雞蛋，灑上鹽巴在蛋上。
3. 再放入180度的氣炸鍋專用煎烤盤上烤7分鐘至蛋白轉熟。

Tips

· 裝太陽蛋的地瓜要選體積較大且偏圓型的為佳。
· 烤地瓜時間應以地瓜大小來調整，一般在烤時若地瓜流出糖蜜便代表已烤熟。

巧克力棉花糖三明治

來吧！吃一頓爆漿童心餐

像雪山崩塌的熱溶棉花糖，加上巧克力醬，黑與白的爆漿景象，邪惡度狂飆。張牙舔舌頭地驚呼連連，不管多燙也要趁熱一口咬下，是孩子們最愛的早餐！

難易度：●●○○○　　　**預計時間：8分鐘**

材料（2人份）

吐司	2片
奶油	適量
原味棉花糖	50克
Nutella榛果巧克力醬	20克

步驟

1. 兩片吐司均在單面抹上奶油，奶油面朝下攤平。

2. 一片鋪滿棉花糖，另一片塗滿巧克力醬，兩片合起來成三明治。

3. 氣炸鍋預熱180度，在專用烘烤鍋上放入三明治烤5分鐘，即可趁熱吃，感受美味流入口中。

Tips

溶化的棉花糖要熱騰騰的時候趕快吃，冷卻後口感會變硬。

PART 3

輕食早午餐補腦力體力・Brunch

酥炸營養三明治

回家自己做基隆廟口夜市的排隊美食

基隆廟口夜市裡香脆可口的油炸營養三明治總是大排長龍，遊客絡繹不絕。好不容易到手的三明治，盡快往嘴巴送，享受一口裡面有沙拉醬、水煮蛋、小黃瓜、番茄及火腿片的豪邁快感。等到自己動手做，才欣賞到這餡料的組合原來俏麗如小花圃，清新零油味，出門去野餐吧！

難易度：●●●○○　　　**預計時間：6分鐘**

材料（2人份）

熱狗麵包	2個	奶油	30克
熟水煮蛋或滷蛋	1顆	雞蛋	1顆
小番茄(片)	2顆	麵包粉	3/4杯
小黃瓜(片)	1/2根	美乃滋	2湯匙
火腿	1片		

步驟

1. 雞蛋打勻。奶油放室溫至軟化後，抹在整個麵包表面。接著沾上蛋液及裹上麵包粉。

2. 氣炸鍋預熱200度，網籃上噴油，放進麵包，噴油在麵包上，炸3分鐘至表面金黃便取出。

3. 火腿對角切2刀成4片三角型，水煮蛋剝殼切片。

4. 麵包剖開2/3深度（不切斷），擠進美乃滋，夾入火腿片、雞蛋切片、小黃瓜及小番茄片，即完成。也可以自己隨意配料，滋味一樣好吃。

Tips

· 麵包要先擠美乃滋再夾料，讓麵包、美乃滋及餡料的味道得以融合。美乃滋的黏性也讓餡料不致東倒西歪。

· 麵包放冷仍保持酥脆，也適合午餐或野餐。

韓式炸海苔飯卷

一種海苔飯卷兩種吃法

難易度：●●●○○　　　預計時間：5分鐘

Brunch

　　韓式海苔飯卷,只需把白飯拌入麻油調味,熱飯冷飯皆可,比起日式要將白飯吹涼後再拌壽司醋調味簡便多了。韓國炸物小吃攤的炸海苔飯卷,香脆的海苔一吃難忘,從此學會只用一種飯卷,便能有兩種口感!

材料（2人份）

溫白飯	300克(約2碗)
秋葵	8條
火腿(條)	2片
海苔	3片

調味料

美乃滋	1 湯匙
芥末	1 茶匙
麻油	1 茶匙

麵衣

酥炸粉	2 湯匙
水	2 湯匙

步驟

1. 秋葵滾水汆燙3分鐘,撈起瀝乾,切去根部備用。
2. 溫白飯加上麻油混合拌勻。美乃滋與芥末混合成芥末美乃滋。
3. 海苔攤平,前1/3處鋪上白飯,飯面上鋪上秋葵、火腿、擠上芥末美乃滋,捲成圓條狀。
4. 酥炸粉與水混合成麵衣。在海苔飯卷刷上麵衣。
5. 氣炸鍋預熱200度,海苔飯卷放入專用煎烤盤,噴油,氣炸2分鐘即完成。

Tips

・炸的海苔飯卷適合做成細長型,吃起來更酥脆。
・餡料也可用小黃瓜、紅蘿蔔、炒過的牛肉絲等替代。

凱薩沙拉麵包塊

製作濃湯、沙拉都實用

難易度： 預計時間：8分鐘

Go Cooking!

氣炸鍋的雙層串燒架好好用，可將培根及麵包塊分兩層同時進氣炸鍋烘烤，味道互不影響呢！平常有隔夜麵包可以預先烤成麵包塊，然後放入密封罐保存。每當製作濃湯、沙拉時，都可以抓上一把添香，也豐富料理的視覺、酥脆口感及飽足感。

材料（2人份）

蘿蔓生菜	8片
培根	2片
法國麵包/吐司（約1~2片）	50克
帕瑪森乳酪絲	2湯匙
凱薩沙拉醬	適量

調味料

鹽	少許
大蒜粉	1/4茶匙
百里香	1/8茶匙
奧瑞崗	1/8茶匙
橄欖油	2茶匙

Tips

· 蘿蔓生菜最好用手撕成一口大小的份量，避免用金屬刀造成切面邊緣變黃氧化。
· 沙拉醬待要吃時再倒入，才不會讓生菜遇到鹽份大量出水變軟。

步驟

1. 蘿蔓生菜洗淨後瀝乾，並用手撕成小片。培根切小塊。

2. 先將調味料拌均。並將麵包切成1.5公分方塊，均勻沾上調味料。

3. 氣炸鍋預熱190度，先在專用網籃上鋪上培根，再放入專用雙層串燒架，將麵包塊放在串燒架上，烤5分鐘。

4. 烤到剩餘2分鐘時，連同雙層串燒架把烤至金黃的麵包塊取出，但培根繼續烤。

5. 計時器提示聲響起時，再取出烤至焦脆的培根塊。

6. 將麵包塊及培根放蘿蔓生菜上，灑上帕瑪森乳酪塊刨絲（或用帕瑪森乳酪粉），佐以凱薩沙拉醬，便可享用。

辣味雞腿堡

自製愛心漢堡，營養健康滿分

速食常被冠上垃圾食物等號，但親手做的漢堡，高級的餡料及精心的調味都是對家人心意的傳達。「愛心漢堡」營養滿分，讓孩子快樂的吃健康速食吧！

難易度：●●●○○　　**預計時間：15分鐘**

步驟

1. 雞腿肉擦乾水分，每面抹上醃漬料，放盤子上蓋保鮮膜冷藏10分鐘。

2. 將冷藏後雞腿肉均勻沾上薄薄一層酥炸粉，輕輕壓緊，靜置5分鐘反潮。

3. 氣炸鍋預熱200度，專用網籃上噴油，放入雞腿肉後表面噴油。將氣炸鍋溫度設定190度烤6分鐘。計時器提示聲響起，將溫度提高200度續烤4分鐘至表面金黃。

4. 取出雞腿，放入漢堡麵包，將氣炸鍋溫度設定170度烤2分鐘。

5. 漢堡麵包抹上沙拉醬，順序疊上萵苣、洋蔥、番茄、炸好的雞腿肉，再蓋上漢堡麵包。

材料（1人份）

去骨雞腿肉	110克(約1隻)
酥炸粉	3湯匙
漢堡麵包	1個
番茄	1片
洋蔥	2片
萵苣	1片
沙拉醬	1茶匙

醃漬料

鹽	1/2茶匙
味噌辣椒醬	1又1/2湯匙
黑胡椒	1/8茶匙

 Tips

雞腿肉沾粉後靜置反潮，可讓酥炸粉的黏著度增加，氣炸時不易掉落。

德國香腸番茄焗烤麵包

在家也可吃到歐式咖啡館風情餐

週末睡到自然醒，來做配料豐富、光看就流口水的麵包早午餐吧！口感及味道層次豐富的焗烤麵包，一吃就迷上！尤其是烤過的小番茄甜味更濃郁，與德國香腸及乳酪營造出歐洲小咖啡廳風情。

難易度：●●○○○　　**預計時間：8分鐘**

材料（1人份）

軟法麵包	1/2個
德國香腸(丁)	1/2條
小番茄(剖半)	8顆
去籽橄欖	4顆
莫札瑞拉乳酪絲	1/4杯
巴西里	1/2茶匙
義大利香料	少許

步驟

1. 歐式麵包橫向剖開成兩份。

2. 麵包表面鋪上乳酪絲。喜歡重乳酪可以鋪厚一點。

3. 乳酪上鋪滿小番茄、橄欖及德國香腸丁，灑上義大利香料。

4. 氣炸鍋預熱170度，將麵包放在氣炸鍋專用煎烤盤上烤5分鐘。

5. 完成後灑上巴西里，即可盛盤端上桌。

雙層起司PIZZA

免揉麵糰、發酵的美食撇步

想做PIZZA卻嫌餅皮還要揉麵糰到發酵，太麻煩。利用烤過的墨西哥餅，脆脆的口感像透了薄脆PIZZA。孩子下課回來，自己在墨西哥餅上鋪滿喜歡的材料，尤其起司PIZZA控總愛偷夾雙份的起司及餅皮，放進氣炸鍋，香噴噴的PIZZA三分鐘就出爐！

難易度：●●◌◌◌　　　**預計時間：6分鐘**

材料（2人份）

墨西哥6吋薄餅	2片
義大利臘腸(或培根)	3片
黃甜椒絲	適量
萵苣葉	少許
專用PIZZA醬	2湯匙
切達乳酪片	1又1/2片
莫札瑞拉乳酪絲	2湯匙

步驟

1. 在一片墨西哥薄餅上鋪上切達乳酪片。

2. 蓋上第二片墨西哥薄餅，表面抹上PIZZA醬，順序鋪上莫札瑞拉乳酪絲、義大利臘腸、黃甜椒絲。

3. 氣炸鍋預熱180度，將PIZZA放在氣炸鍋專用煎烤盤上烤3分鐘。

4. 完成後放上萵苣葉。

🐟 Tips

・乳酪應選擇容易溶化，或是PIZZA及漢堡專用的乳酪片或乳酪絲。

・萵苣葉烤過後會容易過乾，因此等PIZZA烤完再放上才有清脆口感。

羊肉皮塔餅

中東美食自己做

　　皮塔餅（Pita Bread）是中東及地中海國家常用的麵包，圓圓扁扁像個大餅似的，切開一半把麵餅張開成大口袋，所以又叫「口袋三明治」。皮塔餅像個大嘴巴，肉類、蔬菜、塞得越飽滿越好吃。提到中東食物，當然要點一份羊肉皮塔餅！

難易度：●●●○○　　　預計時間：9分鐘

材料(2人份)

火鍋羊肉片	150克
皮塔餅	1片
萵苣葉	4片
小黃瓜(切片)	1根
紫洋蔥(絲)	適量

醃漬料

咖哩粉	20克
海鹽	1/4茶匙
糖	1/4茶匙
油	1/2湯匙
水	1/2湯匙

步驟

1. 羊肉片加醃漬料醃15分鐘。紫洋蔥絲泡水去辛辣味後瀝乾。

2. 氣炸鍋預熱180度，羊肉片放鋁箔紙上，烤6分鐘。

3. 剩餘2分鐘時把羊肉片翻一下，然後將鋁箔紙裹緊。放入皮塔餅在旁一起烤熱。

4. 計時器提示聲響起時，取出皮塔餅張開，放進咖哩羊肉片、小黃瓜片、紫洋蔥絲及萵苣葉便完成。

Tips

醃完的羊肉片容易成團，直接烤中心不容易熟。放鋁箔紙上時需把羊肉片張開讓受熱平均。

法式鹹派

帶來春天的氣息

　　春天到了，走進菜市場映入眼簾的是滿滿翠綠的蘆筍，忍不住買了一大把，準備把那春日氣息捎上餐桌。這道法式鹹派除了有新鮮蘆筍，還有酸甜的小番茄，十分開胃。

難易度：⬤⬤⬤⬤⬤　　**預計時間：60分鐘**

派皮材料（4人份）

中筋麵粉	95克
冷藏的無鹽奶油	65克
鹽	1/8茶匙
冰水	30ml

餡料

蛋	2顆
鮮奶油	85ml
鮮奶	85ml
帕瑪森乳酪末	40克
小番茄	5顆
蘆筍(細)	8根

模具

13公分直徑分離式塔模

第一階段／派皮製作步驟

1. 麵粉和鹽倒進攪拌盆拌勻，加入切丁的冷藏奶油，混合時用指尖搓揉成酥鬆狀。

2. 麵粉糰中央加入冰水，再以手掌輕壓麵糰混合均勻成糰，包保鮮膜放冰箱冷藏30分鐘。

3. 派皮從冷箱取出後置室溫稍為軟化後，以擀麵棍擀開成0.3～0.5公分派皮。

4. 將派皮鋪在模具烤盤上，手輕壓貼合烤盤邊緣，用小刀切掉邊緣多餘派皮。再用叉子在上面戳洞，冷藏30分鐘。

5. 派皮上放一層烘焙紙， 擺上烘焙石至3/4滿（可以紅豆綠豆替代），蓋上圓盤防豆子隨氣炸鍋內部的氣旋飛轉。

6. 氣炸鍋預熱200度，放入派皮烤10分鐘後；降低溫度至180度，烤11分鐘或直到派皮烤熟，表面呈金黃色。取出靜置放涼，脫膜。

Tips
- 做派皮要全程保持低溫，避免奶油溶化，塔皮不酥脆。
- 由於是密封式盲烤，因此建議使用活動式模型，比較容易脫模。如果使用固定式模型，可先鋪上鋁箔紙再放上派皮盲烤，完成後取下鋁箔紙便能脫模。

第二階段／餡料製作步驟

1. 蛋放入攪拌盆打發，倒入鮮奶油及鮮奶攪拌均勻，以海鹽及黑胡椒調味。

2. 小番茄對切，與蘆筍放入平底鍋，以橄欖油及少許鹽略炒。

3. 派皮灑上帕瑪森乳酪末，平均放入小番茄及蘆筍。

4. 倒進蛋奶液，灑上百里香。氣炸鍋預熱180度，烤30分鐘或直到餡料凝固。

5. 取出稍微放涼後，切成每個人所需大小即可食用。

Tips

用不完的生派皮可放密封盒冷藏保存約3天，或冷凍保存，要用前一晚再放冰箱冷藏解凍。

料理主餐漂亮上桌•Main Dish

隱 延伸菜單

薑黃烤白花椰菜

花椰菜1顆分小支後洗淨瀝乾水。花椰菜置氣炸鍋專用烘烤盤，倒進薑黃粉1又1/2茶匙、海鹽1茶匙及黑胡椒1/2茶匙拌均勻，最後淋上橄欖油2湯匙。氣炸鍋預熱180度，放進專用烘烤盤，烤15分鐘至表面微焦即可。

隨著不同的節慶、心情，做出不同風格的烤雞，每一次都是新的個人創作。隨性抓來蘋果西打，慢慢煮做濃縮糖漿，代替蜂蜜滋潤雞皮，口中的脆皮散發淡淡蘋果香氣。雞肉下的當季蔬菜，吸滿雞汁的濃郁風味，難怪總是比雞肉更搶手。

難易度：●●●●○　預計時間：35分鐘

蘋果香草烤雞

蘋果西打也能做料理

材料（4人份）

全雞	800克(約半隻)
蘋果西打	300ml
白花椰菜	200克
紅蘿蔔	30克
蒜	5瓣
蘋果(片)	1/2顆

醃漬料

無鹽奶油	1又1/2湯匙
鹽	1湯匙
黑胡椒	1/4茶匙
義大利 綜合香料	1茶匙

步驟

1. 無鹽奶油放室溫至軟化（或隔水加熱）。把所有醃漬醬料倒進碗裡拌均勻。用廚房紙巾將雞擦乾水分，醃漬醬料抹在雞皮上及腹腔裡，把雞放密封塑膠袋冷藏至少4小時，最好醃過夜。

2. 蘋果西打300ml用鍋子煮至濃縮成1/4杯。

3. 白花椰菜洗淨瀝乾水切成小支，用少許橄欖油拌一下。紅蘿蔔削皮切塊。

4. 冷藏過的雞先置室溫下回溫。並在雞翅及雞腿尾端用鋁箔紙包裹著避免烤焦。氣炸鍋預熱180度，專用烘烤鍋鋪上白花椰菜、紅蘿蔔、洋蔥、連皮蒜瓣。

5. 疊上雞皮朝上的半雞，烤30分鐘。

6. 計時器剩餘約5分鐘時，放入蘋果片，以及在雞皮上刷上濃縮的蘋果西打醬汁，隔2分鐘再刷一層，共刷3次。

7. 烤完用針或筷子刺進雞大腿最厚肉處，沒有血水流出代表已熟透，即可盛盤上桌。

Tips
- 蘋果西打也可用蜂蜜代替。
- 大容量氣炸鍋（如飛利浦HD9240）可容下半雞，較小容量的型號可改用春雞。

爆漿菠菜雞肉卷

酥脆口感中爆汁的美味

香濃的起司包裹在低脂的雞胸肉卷裡，趁熱切開，爆漿的起司讓人口水直流。半烤半炸的雞肉卷，外表略帶酥脆，鹹香濃郁的起司讓雞肉超級嫩滑又多汁，加上翠綠的菠菜，口感豐富又誘人！

難易度：●●●○○　　預計時間：**20分鐘**

材料（1～2人份）

雞胸肉	1片
菠菜	50克
莫札瑞拉乳酪片	1～2片
有鹽奶油	1湯匙
麵粉	適量

醃漬料

鹽	1/2茶匙
黑胡椒	適量

步驟

1. 雞胸中間用刀橫劃剖開但不要切斷，鋪上保鮮膜用擀麵棍敲平，灑上鹽及黑胡椒醃漬15分鐘。

2. 用熱水加少許鹽跟油將菠菜葉燙熟後，把水擠乾，切段。

3. 在醃漬且攤平的雞胸肉上，鋪上莫札瑞拉乳酪片，把燙熟的菠菜放在上面，再把雞胸肉捲起來，以牙籤封口。

4. 奶油隔水加熱溶化後，刷在雞胸肉上，沾上麵粉。氣炸鍋預熱180度，專用煎烤盤上噴油，放上雞肉卷烤15分鐘。

Tips

· 雞胸肉敲平時要注意厚度平均，捲起來才漂亮及受熱平均。

· 捲雞胸肉時可先包上一層鋁箔紙輔助，較好使力將雞胸肉裹緊並定形。烤前再拿掉鋁箔紙。

烤鴨胸夾餅

五星級飯店主廚料理自己做

　　垂涎欲滴的北平烤鴨，不管一吃、兩吃、三四五吃，餐桌中大家眼睛先瞄準的還是烤鴨片夾餅。先抓餅皮放盤子上，抹上甜麵醬，放上鴨肉片、小黃瓜、青葱、蒜苗，餅皮裹得飽滿迅速塞進嘴巴，一臉的滿足展現。鴨子最好吃的部位就是厚實的胸脯，乾脆把鴨胸肉買回家自己烤，每一口都是最頂級的滿足！

難易度：●●●●○　　**預計時間：20分鐘**

材料（4～5人份）		醃漬料		調味料	
鴨胸肉	400克(約2片)	五香粉	1茶匙	白醋	1茶匙
潤餅皮	6～8片	糖	3/4茶匙	蜂蜜	1/2茶匙
小黃瓜	1條	紹興酒	1茶匙		
蒜苗	1根	八角	1顆		
紅辣椒	1根	鹽	少許		
海鮮醬或甜麵醬	100克	白胡椒粉	少許		

延伸菜單
橙汁鴨胸

一樣準備鴨胸2片，在鴨皮上畫1公分菱格刀紋，注意不要劃穿鴨皮脂肪切到肉，以少許海鹽與黑胡椒醃漬10分鐘入味。氣炸鍋預熱180度，專用煎烤盤上噴油，皮朝下將兩片鴨胸肉放在烤盤上，烤12分鐘。另起一小鍋以奶油炒紅蔥頭末，加入柳橙汁、蜂蜜、與白醋混合，用小火煮至稍稠濃縮柳橙醬汁，淋在鴨胸上即可。

Tips

・皮下脂肪豐厚的鴨胸，燒烤過程中會產生不少油煙，建議把氣炸鍋置於抽油煙機下方，讓油煙排到戶外。

步驟

1. 鴨胸肉醃漬最少3小時。

2. 氣炸鍋預熱180度，專用煎烤盤上噴油，皮朝下將兩片鴨胸肉放在烤煎盤上，烤12分鐘。

3. 剩餘5分鐘時翻面，刷上一層調味料在鴨皮上，剩餘1分鐘時再刷1遍。

4. 計時器提示聲響起，取出烤好的鴨胸肉，用鋁箔紙包裹鴨胸肉5分鐘讓肉汁回流。

5. 將鴨胸切薄片，與切成段的小黃瓜、蒜苗、紅辣椒、海鮮醬一同放在潤餅皮上包裹起來。

港式脆皮燒肉

一吃就停不下來的垂涎美味

　　港式燒臘中，最愛就是「燒腩」，也就是俗稱的「脆皮燒肉」。先享受「卜卜脆」的脆皮，再品嘗油而不膩的豬肉香。小時候媽媽不時會在晚餐前買2條肋骨分量的燒腩加菜，趁媽媽忙著做菜時，我靜悄悄打開偷吃，一吃就停不下來……。媽媽總以為被燒臘店騙了，不知道是家裡有「小老鼠」，真是令人回味的童年記憶。

港式脆皮燒肉 ································· 難易度：🔲🔲🔲🔲🔲　預計時間：**60分鐘**

材料（3～4人份）

豬五花肉(連皮)	600克

上皮調味料

白醋	1/2湯匙
粗鹽	4湯匙

醃漬料

鹽	30克
五香粉	3克
紹興酒	2茶匙
胡椒粉	少許

步驟

1. 豬五花肉整塊不要切開，大小以能放進氣炸鍋為準，長方或正方型皆可。先用刀刮掉表面雜質，清洗後擦乾水分。抹上醃漬料在五花肉的底部及各側邊上，但不要塗在豬皮上。

2. 用保鮮膜裹上豬五花肉的肉部份，皮不用包，置冰箱冷藏一天，讓豬皮脫水。

3. 烤前2小時從冰箱取出豬五花肉置室溫回溫。拿掉保鮮膜，用豬皮插或其他尖物用力往豬皮戳洞，越密集皮越脆。

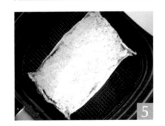

4. 用鋁箔紙將五花肉包緊，鋁箔紙比豬肉高一點，但豬皮外露。豬皮刷上皮調味料的白醋後，鋪上粗鹽並用手壓緊。

5. 氣炸鍋預熱180度，放入豬五花肉烤45分鐘。計時器剩餘20分鐘時，將粗鹽敲碎刮掉，續烤至計時器提示聲響起，提高溫度至200度，再烤10鐘便可取出，放涼後切塊。

 Tips

- 五花肉最好選購肥瘦均勻的部位。另外豬皮要脆，脫水是關鍵，冷藏過夜及鋪上粗鹽都是讓豬皮脫水的重要步驟。
- 烤完的燒肉側邊較硬及鹹，可切掉薄薄一層拿去煮蘿蔔或冬瓜變成煲仔菜，做第二道菜式。

一鍵出餐
Go Cooking!

蜜汁叉燒飯

重現電影裡的黯然銷魂飯

電影《食神》裡的黯然銷魂飯，把廣東人的叉燒飯發揚光大！除了與飯、米粉、河粉、麵等成主餐外，叉燒也是一種老少咸宜的食材，點心的叉燒包、叉燒酥、叉燒腸粉；家常的炒飯、炒蛋、炒豆子，真是百搭！

難易度：●●●◐○　**預計時間：60分鐘**

隱

延伸菜單
叉燒酥

蜜汁烤肉醬50克、水50ml、太白粉、香油各少許拌勻，用小鍋煮沸後加入叉燒肉（丁）50克拌至醬汁濃稠成餡料，放涼冷藏30分鐘備用。起酥皮抹上蛋液，填入適量餡料包起來並封口，表面刷上蛋液後噴油。放在氣炸鍋專用煎烤盤上，烤6分鐘至金黃，表面灑上芝麻，即完成。

材料（1～2人份）

梅花豬肉	600克
蜂蜜	1湯匙
雞蛋	2顆
芥蘭菜	4株
鹽	少許
油	少許
熱白飯	2碗

醃漬料

蜜汁烤肉醬（叉燒醬）	3又1/2湯匙
醬油	2茶匙
紹興酒	2茶匙
薑(汁)	1茶匙
五香粉	少許

步驟

1. 將梅花豬肉用醃漬料拌勻，放入冰箱冷藏醃漬最少4小時（或過夜）。

2. 氣炸鍋預熱180度，專用烘烤鍋鋪上鋁箔紙，放進豬梅花肉，倒進所有醃漬料，蓋上鋁箔紙，烤30分鐘。

3. 計時器提示聲響起，拿走鋁箔紙，將叉燒肉翻面，把氣炸鍋溫度調低至100度，烤15分鐘，中途把鍋底的醃漬醬汁刷在叉燒肉上4次。

4. 計時器提示聲響起，將氣炸鍋溫度提高至200度，在叉燒肉上刷上蜂蜜，烤8分鐘。每2分鐘翻面及上蜂蜜，至醬汁沸騰轉濃稠，取出放涼收汁後切片放白飯上。

5. 芥蘭菜洗淨瀝乾切成段，放鋁箔紙上，以鹽及油拌勻，灑少許水，將鋁箔紙包裹起來，備用。氣炸鍋預熱180度，專用烘烤鍋鋪上小張的鋁箔紙，放進煎蛋圓模器，鋁箔紙及煎蛋器內側抹油，倒進雞蛋。同時放進芥蘭菜鋁箔包烤5分鐘。

6. 計時器剩1分鐘時把太陽蛋取出，芥蘭菜烤熟後與太陽蛋放白飯上，完成。

🐟 Tips

- 豬花肉可買條狀，烤完切片。食譜裡採用的是6x6公分厚塊豬梅花，烤完可切片，或整塊裹著濃稠的醬汁大口吃。
- 刷蜂蜜後要多檢查鍋內肉的狀況，多翻面避免烤焦。
- 太陽蛋烤3.5分鐘是半熟，全熟約需烤5分鐘。兩顆太陽蛋要分批煎。

古早味紅糟肉

台灣家傳的阿媽味重現

很愛台式古早味早餐的澎湃感，不管是鹹粥還是米粉湯，豐富的現炸小菜琳琅滿目。海鮮、豆腐、甜不辣等都是炸成金黃色，唯獨紅糟肉的一身紅色最鶴立雞群。在家氣炸得酥香的紅糟肉，外脆內嫩，吃來甘甜中帶點微微的鹹味，完全不油膩，深受我們家每個人的喜愛。

難易度：●●●○○   **預計時間：15分鐘**

材料（2人份）

去皮豬五花肉	300克
（1.3公分厚約1條）	

醃漬料

紅糟醬	3 茶匙
鹽	1 茶匙
糖	1 茶匙
蒜末	1 茶匙

酥炸粉

玉米粉	4 湯匙
木薯粉	4 湯匙

步驟

1. 豬五花肉對切成2條，長度約18公分一條。

2. 醃漬料拌均勻，將豬五花肉抓醃後，蓋上保鮮膜冷藏醃漬1小時。

3. 豬五花肉表面均勻沾上由玉米粉及木薯粉做的酥炸粉，靜置5分鐘反潮，分兩批氣炸。

4. 氣炸鍋預熱180度，專用網籃噴油，放入豬五花肉及表面噴油，氣炸12分鐘，計時器剩5分鐘時將豬五花肉翻面噴油。

5. 計時器提示聲響起，取出切片盛盤。

Tips

豬肉縫隙不要忽略，需撥開均勻沾上酥炸粉。

泰式烤小肋排

吮指回味樂無窮

　　有些食物總是讓人顧不了儀態用手抓著啃食，而豬肋排絕對是其一。醃漬醬料是肋排的靈魂，以番茄醬為基底，然後混合各種異國調味料，美式、中式、東南亞式千變萬化，多試幾次，每個人都可創出自家的特調配方。加了香茅、泰式魚露及蠔油的泰式風味醬小肋排，吃到連手指都吮得乾乾淨淨！

難易度：●●●◌◌　　　**預計時間：18分鐘**

材料（4人份）

豬肋排	400克

醃漬料

蒜(末)	2瓣	魚露	1湯匙
香菜根(碎)	1/2湯匙	糖	3湯匙
番茄醬	3又1/2湯匙	香茅粉(可略)	1/2茶匙
蠔油	2湯匙	黑胡椒	1/2茶匙

步驟

1. 醃漬料混合，將豬肋排於冰箱冷藏醃漬最少3小時。
2. 氣炸鍋預熱180度，將豬肋排表面醃漬醬料撥掉，放在氣炸鍋專用煎烤盤上烤15分鐘。
3. 計時器剩6分鐘時，將豬肋排翻面，刷上醃漬醬料。
4. 剩餘3分鐘時，將豬肋排翻至原側面朝上，計時器響起便完成。

♨ Tips

因醃漬醬料含糖份，較容易焦，刷醬後多注意肋排表面會否過焦，如表面有微微焦黑則要翻面。

越南蒜香奶油雞翅

台灣找不到，卻是JJ的最愛

香港很多越南餐廳，蒜香奶油雞翅幾乎是大家必點的菜式。奶油香加蒜香裹著東南亞代表性的魚露鹹香味，真的是沒法抗拒。於是一口雞翅、一口啤酒，整盤下肚又再叫一份。但我在台灣的越南餐廳卻找不到這一味，於是興起自己做的想法。透過氣炸鍋做出來的效果毫不遜色，我一定要介紹給大家：JJ最愛的雞翅。

難易度：●●●○○　　　**預計時間：20分鐘**

材料（3人份）

三節雞翅	500克（約4隻）
雞蛋	1顆
麵粉	適量

醃漬料

魚露	2湯匙
鹽	1/2茶匙
糖	1/2茶匙
紹興酒	1湯匙
胡椒粉	少許

醬汁

無鹽奶油	20克
蒜(末)	2湯匙

步驟

1. 三節翅沿關節切斷，擦乾表面水分，抹上醃漬料，放冰箱冷藏30分鐘。
2. 奶油置室溫軟化。雞蛋打均勻，將雞翅沾上蛋液後再灑上薄薄一層麵粉。
3. 氣炸鍋預熱200度，雞翅噴油，放網籃氣炸12分鐘至全熟，完成後取出雞翅。需分二批氣炸。
4. 放入專用烘烤鍋，加入無鹽奶油及蒜末，200度加熱3分鐘至奶油完全溶化及蒜末開始轉金黃。
5. 取出烘烤鍋，放入雞翅拌勻，讓奶油及蒜末裹在雞翅上，盛盤上桌。

Tips
- 小雞腿劃兩刀深入至骨頭，較容易熟透。
- 雞翅大小會影響熟成時間，最後幾分鐘可打開氣炸鍋檢查雞翅熟度。

Main Dish

黃金炸豬排

最佳國民便當菜

在坐台灣火車時，最喜歡點台鐵的黃金炸豬排便當，卡滋卡滋金黃脆香的薄麵衣，緊鎖豐富肉汁，咬下去鮮甜香味在嘴中化開。利用氣炸鍋其實家裡也可以做，還可以一次把2～3個配菜一併烤熟，早上準備新鮮愛心便當好輕鬆。

難易度：●●●○○　　**預計時間：15分鐘**

材料（1～2人份）

豬里肌厚排 150克
（約1片）

醃漬料

鹽	1/2茶匙
黑胡椒	適量

麵衣

麵粉	1又1/2湯匙
雞蛋（液）	1顆
麵包粉	適量

步驟

1. 用敲肉器敲打豬排兩面，使肉質鬆軟。白色筋用刀子切斷，這樣炸的時候肉排才不會因筋受熱收縮而捲曲。

2. 灑上醃漬料約醃15分鐘入味。之後，將豬排表面再依序沾麵衣：先裹麵粉、再沾蛋液（蛋液要徹底打散），最後再沾麵包粉。在沾麵包粉時要用手用力按壓兩面，讓麵包粉沾滿而牢固。接著靜置5分鐘讓麵包粉反潮。

3. 氣炸鍋預熱170度，分別在氣炸鍋專用煎烤盤及豬排上噴油，氣炸8分鐘，中途翻面，轉200度續炸4分鐘至兩面金黃。

4. 在炸豬排剩餘5分鐘時，可把便當配菜如蔥花蛋液（裝在小碗中蓋上鋁箔紙），及杏鮑菇放進氣炸鍋一併烤熟，馬上就可以裝便當了。

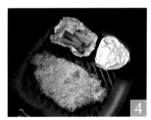

Tips

如果是厚切豬排，則氣炸時間需再增加。

因氣炸鍋的熱渦旋風，使牛排可360度地被熱空氣包圍住，讓肉汁完全被鎖住，肉質緊緻又Juicy（多汁）。凸紋的煎烤盤把牛排及蔬菜炙下烙印，燒出BBQ的香氣。搭配日式特調醬汁及熱騰騰的米飯，激起扒飯的衝動。

難易度： ●●● **預計時間：16分鐘**

隱

延伸菜單
燒肉丼

同樣手法也可以運用在燒豬肉上。豬五花燒烤肉片以少許醬油及糖醃漬5分鐘，放置氣炸鍋專用煎烤盤上，預熱180度後烤5分鐘，可同時放入菇類及甜椒同烤。取出放白飯上，並在肉片上灑上白芝麻即可。

燒烤牛排丼

把牛肉的美味鎖住

材料(1~2人份)

牛排	180克
(約1公分厚，約6盎斯)	
鹽	1/4茶匙
黑胡椒	少許
橄欖油	1湯匙
杏鮑菇(片)	1顆
小番茄	2顆
小黃瓜(片)	1/2根
白飯	1碗

醬汁

洋蔥(末)	1/2茶匙
番茄醬	1/2 湯匙
黃芥末	1/2茶匙
日式醬油	1/2湯匙
黃糖	1/4茶匙
白醋	1/2茶匙
熱水	1/2茶匙
味醂	1茶匙
黑胡椒	少許

模具

小烤盅	1個

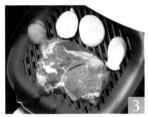

步驟

1. 牛排撒上鹽巴及黑胡椒後，淋上橄欖油，醃漬15分鐘。杏鮑菇烤前灑上少許鹽巴及橄欖油。

2. 醬汁材料拌勻，放小烤盅裡。

3. 氣炸鍋預熱200度，牛排放氣炸鍋專用煎烤盤上，烤7分鐘。杏鮑菇放在牛排旁邊同時烘烤。剩2分鐘時把牛排及杏鮑菇翻面。

4. 計時器提示聲響起，取出牛排及杏鮑菇。牛排用鋁箔紙裹起來放置室溫3分鐘。

5. 放入小番茄及醬汁小烤盅在煎烤盤上，利用氣炸鍋餘溫烤3分鐘後取出。

6. 牛排切片，與小黃瓜、杏鮑菇及小番茄放在白飯上，淋上醬汁，完成。

 Tips

· 食譜裡的牛排是烤至五分熟，不同的牛排厚度及熟度需將烘烤時間稍作調整。

· 牛排用鋁箔紙裹起來靜置，可讓美味肉汁回流到肉中，吃起來肉質更嫩。

· 利用氣炸鍋餘溫快速烘烤，省電又方便。

炸蝦蕎麥涼麵

就吃這一味渡夏天

炎熱的夏天，食欲及味蕾遲鈍，看到熱湯麵、油膩的便當，真是吃不下去。蕎麥麵 GI（Glycemic Index，指升醣指數）值低，營養豐富又不怕發胖，與用氣炸鍋製作出的酥香且又低油脂天婦羅是最佳的清爽搭檔！

難易度：●●●○○　　　**預計時間：10分鐘**

材料（1～2人份）

蝦子	30克（約3尾）
茄子	2塊
秋葵	2根
蕎麥麵	80克

醬汁

日式沾麵醬油	1杯
蘿蔔(泥)	2湯匙
青蔥(末)	1湯匙
山葵芥末	少許
海苔(絲)	適量

麵衣

麵粉	70克
蛋液(打勻)	1顆
冰水	40克

步驟

1. 蕎麥麵煮熟後，泡冰水冷卻後瀝乾放碗裡，食用前放上海苔絲。
2. 蝦子去頭剝殼留尾，用淡鹽水清洗後擦乾水分。
3. 氣炸鍋放入專用煎烤盤，預熱200度，噴油。
4. 麵衣材料拌勻，蝦子及蔬菜沾上麵衣。
5. 將蝦子及蔬菜快速放進專用煎烤盤，表面噴油，氣炸6分鐘，即可盛盤。
6. 蘿蔔泥、蔥末及山葵芥末放入日式沾麵醬油，方便炸蝦、蔬菜天婦羅及蕎麥麵沾醬食用。

Tips

- 水分少的根莖蔬菜加地瓜、南瓜、芋頭均適合做天婦羅。
- 蝦子務必徹底解凍，及沾麵衣前把水分用廚房紙巾徹底擦乾，避免外皮不酥脆。

隱

延伸菜單

鹽焗草蝦

用同樣方法也可鹽焗蝦子。先抓約8隻草蝦用
剪刀修剪頭鬚、頭尖等，並清洗乾淨，擦乾
水分。把粗鹽與所有香料混合，將1/2的份量
倒入氣炸鍋專用烘烤鍋。放入草蝦，再蓋上
剩餘一半的香料、粗鹽，務必要把草蝦完全
覆蓋，鋪上鋁箔紙。放入預熱180度的氣炸
鍋，焗烤10分鐘，撥開鋁箔紙及香料、粗鹽
取出草蝦即可。

鹽焗螃蟹

不顧形象的大啖美食

　　在餐廳絕少點螃蟹，怕吃到手髒髒，有失優雅。螃蟹是絕對要在家裡才能吃個痛快，做法其實極簡單，鋪上香料鹽巴焗烤，蟹肉便能入味。跟家人一起用嘴巴吸取甘甜的蟹膏；手狠狠扭斷蟹腳，起勁的挖出蟹肉條；螯足被敲碎露出肥美的蟹肉，大家不用顧任何形象，只在意味蕾的滿足。

難易度：●●●◐◐　　　　　　**預計時間：40分鐘**

材料（2人份）

螃蟹	400克(約1隻)		
粗鹽	350克	花椒粒	1/2茶匙
白胡椒粒	1茶匙	八角	2粒
紅胡椒粒	1茶匙	月桂葉	2片
黑胡椒粒	1/2茶匙		

步驟

1. 螃蟹清洗乾淨，擦乾水分。

2. 粗鹽與所有香料混合，將1/2的份量倒入專用烘烤鍋。放入螃蟹，再蓋上剩餘一半的香料、粗鹽，務必要把螃蟹完全覆蓋，鋪上鋁箔紙。

3. 氣炸鍋預熱180度，焗烤40分鐘，剩餘10分鐘時打開鋁箔紙。

4. 計時器提示聲響起，撥開香料、粗鹽取出螃蟹，切塊盛盤。

Tips

· 螃蟹原隻直接焗烤，不用預先切開，避免蟹肉過鹹。

· 食用時要去掉螃蟹的鰓、腸、胃及心臟4個部位，以免過於寒涼腸胃不適。

韓式白帶魚燉蘿蔔

辛辣爽口，最佳拌飯良友

　　韓劇裡常出現的國民家常菜，是以韓國辣椒粉為基底調配的醬汁，讓味道清淡的白帶魚及蘿蔔更添濃郁風味。吃起來辛辣爽口，胃口大開，拌飯一流。

難易度：●●●○○　　　**預計時間：18分鐘**

材料（2人份）

白帶魚	200克
蘿蔔	100克
蔥(末)	1根
紅辣椒(片)	1/2根

醃漬料

鹽	1 茶匙
清酒	1/2茶匙

醬汁

韓國辣椒粉	1湯匙
韓國辣椒醬	1茶匙
蒜末	1湯匙
薑末	1/2 茶匙
糖	3/4湯匙
醬油	2又1/2湯匙
香油	1/2茶匙

模具

烤盤

步驟

1. 白帶魚去內臟，洗淨，切成4公分段，吸乾水分，抹上鹽巴及清酒醃漬10分鐘。

2. 蘿蔔去皮切0.3公分薄塊，並用醬料拌勻。

3. 在自家烤盤上鋪蘿蔔塊，倒入一半的醬料。再鋪上白帶魚塊，倒入剩下的一半醬料，蓋上鋁箔紙。

4. 氣炸鍋預熱180度，烤盤放在氣炸鍋網籃上，烤15分鐘。

5. 計時器提示聲響起，盛盤上桌前可灑上蔥末及辣椒片。

 Tips

- 蘿蔔削皮時稍為削深入一點，把外緣較粗的纖維削掉，蘿蔔口感更好。
- 可在剩餘5分鐘時打開鋁箔紙，讓醬汁濃縮。

海鹽烤魚

料理新手絕不失敗

對於料理新手，鹽燒是最簡單的料理方式，單純撒上鹽巴去烘烤便好了！選擇當季的新鮮海鮮是關鍵，天然純味的海鹽在烘烤的過程中，把鮮魚的甜味慢慢引出，簡單兩樣食材便美味無窮。

難易度：■■□□□   **預計時間：15分鐘**

材料（2人份）

赤宗魚/香魚	150克(約1條)
白蘿蔔(0.5公分厚)	1片
海鹽	1茶匙

步驟

1. 赤宗魚去鱗片及內臟，清洗乾淨後擦乾水分。用串燒鐵籤（或用其他尖物）在魚皮上刺幾個小洞，避免烘烤時魚皮因收縮破開。

2. 串燒鐵籤從內側魚眼下方穿入，經過魚身，在尾鰭穿出。第2根從魚鰓上面插入，同樣方式穿出。

3. 在魚的兩面及肚子裡均勻撒上海鹽，白蘿蔔也撒上少許海鹽。

4. 氣炸鍋預熱180度，白蘿蔔放在專用煎烤盤上，鮮魚串架在專用雙層串燒架上，噴油，燒烤12分鐘至微焦。

5. 計時器提示聲響起，拔出串燒鐵籤盛盤。白蘿蔔可佐以日式柚子味醬油提味。

⌇ Tips

- 魚內外的水分要用廚房紙巾徹底擦乾，才撒海鹽，避免鹽巴隨水分流失，不好入味。魚片也可以用同樣方法燒烤。

- 如省略串燒鐵籤，將魚平放在專用煎烤盤上煎烤，務必要先在煎烤盤上噴油，以免魚皮沾黏。

 青醬起司海鮮焗飯

18分鐘完成的人氣美食

焗烤往往是清冰箱的最佳方法，九層塔變黑前打成青醬，然後再把海鮮、時蔬各抓一點，全部鋪在白飯上，最後再放上乳酪絲，只要幾分鐘就變出餐廳人氣美食。

難易度：●●●○○　　　**預計時間：18分鐘**

熱米飯	1碗
熟綜合海鮮	1/2杯
青醬	4湯匙
乳酪絲	3湯匙
洋蔥（末）	1/2湯匙

模具

焗烤盤

步驟

1. 先將生的海鮮預先燙熟。然後把煮熟的米飯放焗烤盤，順序鋪上兩湯匙青醬、海鮮、洋蔥、兩湯匙青醬，蓋上鋁箔紙。

2. 氣炸鍋預熱180度，放入焗烤盤，烤15分鐘。

3. 計時器剩5分鐘時拿掉鋁箔紙，灑上乳酪絲，續烤至乳酪溶化金黃即完成。

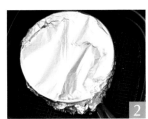

隱 延伸菜單

磨菇培根焗通心麵

通心麵80克及磨菇片用水煮至8分熟後瀝乾水分。市售磨菇濃湯加入適量水分調成磨菇醬，拌入通心麵、磨菇片、洋蔥末及少許黑胡椒，倒入焗烤盤裡，表面鋪上培根片，蓋上鋁箔紙，氣炸鍋以180度烤15分鐘。剩5分鐘時拿掉鋁箔紙，烤至表面金黃。

 Tips

自製青醬：九層塔葉1/2杯、微烤過的松子1湯匙、帕馬森起司粉2湯匙、蒜頭1瓣、檸檬汁1湯匙、鹽1/8茶匙、初榨橄欖油2湯匙及黑胡椒少許，全放入深碗，用手動攪拌器把材料完全打爛即可。

脆皮豆腐

好吃到打舌的國民銅板美食

外脆內嫩的氣炸豆腐，對比的口感讓人驚豔！純淨的豆香沒有被油味干擾，搭什麼醬料點綴都美味。

難易度： ⬤⬤◯◯◯　　**預計時間：18分鐘**

材料（4人份）

油豆腐	4塊
太白粉	8茶匙

醬汁

青蔥(末)	1根
蒜(末)	2瓣
辣椒(末)	1根
甜辣醬	4茶匙
醬油膏	4茶匙

步驟

1. 油豆腐用廚房紙巾吸乾表面水分，裹上太白粉。

2. 氣炸鍋預熱200度，分別在氣炸鍋專用煎烤盤及油豆腐上噴油，氣炸15分鐘。剩10分鐘時翻面，剩5分鐘時再翻第三面，再噴一次油在油豆腐上。

3. 計時器提示聲響起，取出金黃酥脆的油豆腐。

4. 油豆腐頂部劃十字至豆腐2/3的深度，但不要切到底。把醬汁，如甜辣醬或醬油膏等倒進豆腐裡面，表面也抹上醬汁，最後放上蔥、蒜和辣椒末便完成了。

Tips

這裡用的是5公分大塊的油豆腐，如用小塊的油豆腐，氣炸的時間可稍為縮短。

隱

延伸菜單
培根秋葵卷

秋葵切去根部，用培
根卷好。氣炸鍋預熱
190度，培根秋葵卷
開口朝下，鋪在專
用煎烤盤上，烤5分
鐘，中途待開口面定
型後翻面。

蘆筍香菇

健康低熱量的蔬食主張

蔬菜用鋁箔紙裹起來烤，不透水的鋁箔紙可讓食材在加熱過程中在包好的空間裡入味，並保留釋放出來原汁原味的湯汁，蔬菜的鮮甜滋味一滴也不流失，既健康也低熱量。

難易度：●●○○○　　　　**預計時間：12分鐘**

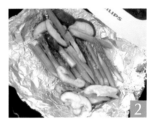

材料（2人份）

蘆筍	8根	鹽	1/8茶匙
鮮香菇	2朵	雞粉	1/8茶匙
蒜(末)	1/2茶匙	油	1/2茶匙

步驟

1. 蘆筍削去粗老的外皮及根部纖維，切成5公分段。鮮香菇切塊。

2. 鋁箔紙表面抹上油，放入蘆筍段及香菇塊，加入蒜末、鹽及雞粉拌勻。將鋁箔紙兩側抓起對齊後，往內折兩次，兩側也往內折，裡面保留一點空間，將鋁箔紙包好至湯汁不會溢出。

3. 氣炸鍋預熱180度，放入鋁箔包，烤8分鐘即可。

✑ Tips

選購蘆筍，要選外型飽滿筆直。乾枯、有裂縫或表面有皺摺的蘆筍表示不新鮮、粗纖維過多。

PART5
三兩好友下酒菜 · Tapas

Tips
· 雞肉適合選口感軟嫩的肉雞,雞胸或雞腿肉均可,炸完雞
  汁豐富。避免用土雞肉製作鹹酥雞,以免口感硬柴。
· 雞肉沾粉後反潮,可使表面的木薯粉因水氣服貼在雞肉
  上,油炸過程中木薯粉不易脫落,炸完的雞肉才會酥脆。

鹹酥雞

15分鐘上桌的國民美食

　　鹹酥雞堪稱台灣最療癒的食物，每次忙完大企畫案，或長途旅程後，回家最想吃的就是鹹酥雞！鹹酥雞千百家，每家都有獨特配方，各有各的粉絲。除了味道，就是油的新鮮度：乾淨的油，才能炸出發亮的金黃色的雞肉。在家氣炸鹹酥雞，外皮酥脆，雞肉多汁鮮嫩；金黃脆皮，一看就知道健康！

難易度：●●●○○　　預計時間：15分鐘

材料（1～2人份）

去骨雞腿	220克
九層塔	1/2杯
胡椒鹽	適量

醃漬料

薑(末)	1/4茶匙
蒜(末)	1/4茶匙
鹽	1/4茶匙
醬油	2湯匙
糖	3/4湯匙
麻油	1湯匙

麵衣

木薯粉	3湯匙
太白粉	2湯匙

步驟

1. 雞腿切成3×3公分塊，擦乾水分。

2. 醃漬料混和均勻，加入雞肉塊抓醃，蓋上保鮮膜冷藏醃30分鐘。

3. 木薯粉與太白粉混合，將冷藏後的雞肉塊表面均勻沾上麵衣，靜置5分鐘反潮。

4. 氣炸鍋預熱200度，專用網籃噴油，擺上雞肉塊，表面再噴上油。油炸前建議先將醃漬雞肉上的薑末蒜末撥除，避免氣炸時焦黑。

5. 溫度調至180度，氣炸6分鐘後翻面，轉200度續炸3分鐘。

6. 計時器提示聲響起，放入九層塔用餘溫燜1分鐘，盛盤，均勻撒上胡椒鹽即完成。

延伸食譜
炸花枝

將花枝切成圓圈,以淡鹽水泡洗後再用清水沖洗,用廚房紙巾吸乾水分後,沾上木薯粉,靜置5分鐘反潮。氣炸鍋預熱200度,專用網籃噴油,放入花枝並在表面噴油,氣炸6分鐘至表面呈金黃酥脆。完成後依口味佐以沾醬或胡椒鹽。

炸透抽

國民必點的鹹酥美食

　　義大利開胃菜的炸透抽，與台式做法最大分別是麵衣。薄薄一層優雅的依附在透抽上的義式杜蘭小麥麵粉，顆粒比普通麵粉粗一些，炸過之後比麵粉更酥脆！

難易度：●●●○○　　**預計時間：20分鐘**

材料（4人份）

透抽1尾	400g

麵衣

麵粉	1杯
蛋液(打勻)	1顆
杜蘭小麥麵粉	1杯

塔塔醬

美乃滋	1 湯匙
酸黃瓜(碎)	1/2 茶匙
檸檬汁	1/4 茶匙

Tips

· 透抽可用花枝替代。
· 透抽務必把水分用廚房紙巾徹底擦乾，避免過多麵粉黏著導致口感油膩及外皮不酥脆。
· 放在專用網籃時，盡可能讓透抽圈直立擺放，減少表面沾黏網籃。

步驟

1. 透抽分開頭身清洗，身體切1.5～2公分圓圈狀，頭的觸角分切4塊，再用淡鹽水清洗瀝乾。

2. 透抽擦乾水分，順序均勻沾上麵粉、蛋液、薄薄一層的杜蘭小麥麵粉，靜置5～6分鐘反潮。

3. 氣炸鍋預熱200度，專用網籃噴油，放入透抽並在表面噴油，氣炸6分鐘，不用翻面。分3批氣炸。

4. 將沾醬材料拌均勻成塔塔醬。透抽完成後依口味佐以沾醬、檸檬汁或胡椒鹽。

　　「甜不辣」其實是音譯葡萄牙語「Tempura」，意思是「快一點」。16世紀傳到日本，稱為「天婦羅」，台灣則叫「甜不辣」。我剛來台灣時，聽到「甜不辣」還誤以為是什麼甜點，後來才知道指的是油炸的魚漿製品，跟日本裹上粉漿油炸的海鮮或蔬菜，也不太一樣。而以上類推，香港的咖哩炸魚蛋，原來就是「咖哩版甜不辣」啊！

甜不辣VS.牛蒡天婦羅

在家做基隆廟口小吃

甜不辣

牛蒡天婦羅

隱

延伸食譜
煎釀三寶

煎釀三寶是廣東、香港和澳門地區的常見街頭小吃，又是一種香港傳統小吃。做法也很簡單，就是將甜椒、青椒，茄子切大塊，皮朝下，在朝上的一面灑上太白粉，抹上魚漿，氣炸鍋200度炸7分鐘即完成。

甜不辣

難易度：●●●○○　　預計時間：**10分鐘**

材料（2～3人份）

半冷凍魚肉	300克
雞粉	1/2茶匙
胡椒粉	少許
香油	少許

Tips

做好的甜不辣，若量太多可放冷凍保存。之後，煮麵、吃火鍋隨時可用。

步驟

1. 將半冷凍魚肉300克剁細碎（或用廚神料理機攪碎）後，加入雞粉1/2茶匙，胡椒粉及香油少許，放深碗裡朝同一方向攪拌至起黏性（或續用廚神料理機攪拌至濃稠），即可分成10份，塑成一塊塊圓形狀的甜不辣。

2. 氣炸鍋預熱200度，噴油在氣炸鍋專用烘烤鍋上，放上甜不辣，噴油，氣炸7分鐘後起鍋即可。

牛蒡天婦羅

難易度：●●●○○　　預計時間：**10分鐘**

材料（2～3人份）

魚漿	300克 (也可買市售魚漿)
牛蒡	30克 (約1條)
豬油	30克 (也可省略)

甜辣醬

味噌	1湯匙
番茄醬	1湯匙
黃芥末	1茶匙
糖	適量
開水	適量

步驟

1. 先將甜辣醬的材料攪拌均勻。

2. 牛蒡削皮切細絲，與剁碎豬油及魚漿混合後，分成10份，塑成一塊塊圓形狀。

3. 氣炸鍋預熱200度，噴油在氣炸鍋專用烘烤鍋上，放上牛蒡魚漿塊，噴油，氣炸7分鐘後起鍋，即可沾甜辣醬吃。

炸薯條佐蜂蜜芥末醬

油少一半，熱量也少一半

用氣炸鍋炸薯條，一定要先把薯條裹上溶化的奶油液，才會炸的金黃酥脆。氣炸的過程中，當奶油完成酥炸任務後，大部份會被排出，所以不用擔心油膩，熱量也比速食店的低很多！

難易度：●●●○○○　　　**預計時間：18分鐘**

材料（2人份）

馬鈴薯	600克
鹽	2茶匙
溶化有鹽奶油	4湯匙

蜂蜜芥末醬

黃芥末	1 湯匙
美乃滋	2湯匙
蜂蜜	3/4 茶匙
檸檬汁	1/2 茶匙
檸檬皮絲	1/2 茶匙

步驟

1. 黃芥末、美乃滋、蜂蜜及檸檬汁拌勻，灑上檸檬皮絲成蜂蜜芥末醬。

2. 馬鈴薯去皮，切成1公分粗段，在冷水中搓洗去掉表面澱粉，換水搓洗至水變清澈。水燒開後加鹽巴，以中火方式煮至馬鈴薯條微軟便取出。

3. 馬鈴薯條瀝乾水，鋪平在盤子上，放冰箱冷藏一小時。

4. 一小時後將馬鈴薯條拿出，並刷上溶化奶油。

5. 氣炸鍋預熱200度，專用網籃上噴油。放入馬鈴薯條，氣炸15分鐘，中途翻面。記得薯條必須平鋪在網籃上，不要重疊，以免不熟或受色不均勻。

6. 馬鈴薯條炸15分鐘後至金黃取出，佐蜂蜜芥末蘸醬超好吃。

Tips

水煮鮪魚罐的水分要徹
底擠乾，否則馬鈴薯球
會過軟不易成型。

隱

延伸食譜
玉米可樂餅

馬鈴薯160克去皮切塊，水煮後趁熱加奶油2
茶匙及少許鹽拌成馬鈴薯泥。倒入已瀝掉水分
的罐頭玉米粒40克，手搓成自己喜歡的形狀，
先沾上麵粉，再沾蛋液，最後裹上麵包粉。氣
炸鍋加熱200度氣炸4分鐘至金黃。盛盤後，
佐以番茄醬或蜂蜜芥末醬都好吃。

炸鮪魚橄欖球

品嘗地中海美味

　　週五的晚上，精心準備地中海式的下酒菜，配著紅酒或是伏特加，緊繃的肌肉隨著酒精慢慢放鬆，為一個禮拜的辛勞工作，畫上休止符。

難易度：●●●○○○　　　**預計時間：7 分鐘**

材料（4人份）

馬鈴薯	160克
水煮鮪魚罐頭	150克
黑橄欖（丁）	6顆
奶油	2茶匙

麵衣

麵粉	4湯匙
雞蛋(打勻)	1顆
麵包粉	3/4 杯

步驟

1. 馬鈴薯去皮切塊，水煮約十分鐘，至筷子可以輕易插下去，撈起放入深碗，趁熱放進奶油，均勻拌成馬鈴薯泥。

2. 水煮鮪魚罐瀝掉水分後，與馬鈴薯泥均勻混和成鮪魚馬鈴薯泥。

3. 取 1/2 湯匙分量的鮪魚馬鈴薯泥，手搓成圓球形，表面黏上3塊黑橄欖丁，輕輕壓緊。

4. 將鮪魚橄欖球先沾上麵粉，再沾蛋液，最後裹上麵包粉。

5. 氣炸鍋加熱200度，專用煎烤盤上噴油，擺上裹好麵衣的鮪魚橄欖球並在表面噴油，氣炸4分鐘至金黃，中途翻面。

韭菜蝦仁

味道與蝦餅一樣好

好愛吃韭菜蝦餅，韭菜的獨特辛香，為蝦子更添魅力，但製作蝦餅要把蝦仁切碎再手捏，工序繁多。偷懶的把整隻蝦仁裹上韭菜麵衣放進氣炸鍋，口感更脆，味道與蝦餅一樣好，但時間卻省多了！

難易度：●●●○○　　**預計時間：10分鐘**

材料（2人份）

去殼蝦仁	120 克
韭菜(丁)	12克
鹽	1/8茶匙
麻油	1/8茶匙
太白粉	1湯匙

麵衣

太白粉	3湯匙
水	2又1/2湯匙

醋醬汁

冷開水	1湯匙
醬油	1湯匙
白醋	1又1/2茶匙
香油	1又1/2茶匙

步驟

1. 先將醋醬汁的材料攪拌均勻。

2. 蝦仁去沙腸，用鹽與麻油醃5分鐘後，裹上太白粉。麵衣粉漿攪拌均勻，加入韭菜及蝦子拌勻，靜置3分鐘。

3. 氣炸鍋中預熱200度，專用煎烤盤上噴油，放入蝦仁在煎烤盤上，蝦仁表面噴油，計時器按 6分鐘。

4. 剩餘3分鐘時翻面，計時器提示聲響起便完成，可盛盤，搭配醋醬汁食用，好吃。

Tips

蝦仁先用淡鹽水輕輕揉洗，把表面黏膜清除，蝦仁口感更爽口。且蝦仁上麵衣前要用廚房紙巾吸乾水分，麵衣才容易附著。

Tips

· 腐皮可在素食雜貨店買到。
· 將蝦泥同方向攪拌及拋甩，可讓蝦泥擠出空氣，吃起來更有彈性。

鮮蝦腐皮卷

酥脆香口，零油膩感

港式飲茶點心的鮮蝦腐皮卷，在台灣非常受歡迎。腐皮是做豆漿時表面凝固的一層皮，將這層皮吹乾便成腐皮。餐廳的腐皮卷有蒸的也有炸的，但本身帶油的腐皮經油炸後，真是油上加油。氣炸鍋讓我第一次吃到酥脆香口，卻零油膩感的鮮蝦腐皮卷！

難易度：●●●○○　　　**預計時間：10分鐘**

材料（4人份）

去殼蝦仁	190克
荸薺	60克
香菜葉(末)	1/2茶匙
半圓形豆腐皮	3張

調味料

香油	2茶匙
雞粉	1/2茶匙
胡椒粉	少許

步驟

1. 蝦仁放深碗，倒進蓋過蝦仁的水，加入1/2湯匙鹽拌勻將蝦仁泡淡鹽水5分鐘，再用清水清洗二回後瀝乾，剁碎成蝦泥。荸薺去皮洗淨瀝乾後剁碎。

2. 深碗裡混合蝦泥、荸薺及香菜末，加入調味料用手將餡料保持同方向攪拌及拋甩後，蓋上保鮮膜冷藏10分鐘。

3. 將豆腐皮以切蛋糕三角型的形狀，切成3等份，並取適量餡料置豆腐皮上。

4. 包捲成條狀成蝦卷，在開口抹上點麵糊或適量太白粉水封口。

5. 氣炸鍋預熱190度，專用煎烤盤上噴油，擺上蝦卷及表面噴油，氣炸6分鐘，中途翻面。

台式香腸馬鈴薯

異國料理在地化的好滋味

歐洲國家的家常菜總會出現香腸烤馬鈴薯，原本香腸是味道的靈魂，但烘烤後吸滿香腸油香的馬鈴薯，卻把主角的丰采搶走了。台灣香腸的鹹甜風味，激盪出獨特的台式異國新版本，重口味與飽足感最適合一天辛勞工作後，配著酒精好好放鬆。

難易度：●●●○○　　**預計時間：25分鐘**

材料（2人份）

小香腸	100克	蒜(片)	1茶匙
馬鈴薯	250克	九層塔	1茶匙
海鹽	1/2茶匙		
黑胡椒	1/8茶匙		

步驟

1. 馬鈴薯洗淨切塊，灑上海鹽及黑胡椒。小香腸切成0.2公分厚度的風琴片狀，但不要切斷。

2. 氣炸鍋預熱180度，在氣炸鍋專用煎烤盤上噴油，順序放上馬鈴薯塊後在馬鈴薯上再噴油，烤20分鐘。

3. 計時器剩12分鐘時將馬鈴薯翻面。剩5分鐘時加入小香腸及蒜片。最後計時器提示聲響起時，才放入九層塔後，用餘溫拌一下後，即可盛盤上桌。

🥄 Tips

蒜片可壓在馬鈴薯塊下便不會隨氣炸鍋的氣旋飛轉。

五色蔬菜串

松阪番茄串

豬五花
蒜苗串

豬五花蒜苗串 & 松阪番茄串
& 五色蔬菜串

在家開居酒屋吧！

　　帶油脂的豬肉最適合做串燒，氣炸過程中大部份的豬油會
被排出，烤至焦香的豬肉肉質鮮嫩多汁，香中帶甜，搭配五色
蔬菜爽脆又解膩，配著小酒，尤如置身於放鬆卻不喧嘩的小居
酒屋中。

豬五花蒜苗串 ································· 難易度：●●○○○○　預計時間：**10分鐘**

材料（1～2人份）

去皮豬五花肉	80克
蒜苗	1/2根
鹽	少許
麻油	少許

步驟

1. 豬五花肉切厚度為1公分×2公分×3公分塊狀（豬五花肉半冷凍時比較好切），以鹽及麻油醃5分鐘。蒜苗洗淨取粗的部份切段3公分。豬五花肉醃完直向串在專用串燒鐵叉上，每塊中間插上蒜苗。

2. 氣炸鍋預熱190度，放入專用雙層串燒架，把豬五花蒜苗串置於其上，可視氣炸鍋大小容量最多可放置4～5支，烤8分鐘即可完成。

松阪豬番茄串 ································· 難易度：●●○○○○　預計時間：**10分鐘**

材料（1～2人份）

豬頸肉	80克(約4片)
小番茄	4顆
魚露	1/4茶匙
糖	少許

步驟

1. 豬頸肉切約10公分×4公分薄片狀，以魚露及糖醃5分鐘。將番茄放在豬頸肉片上捲起來，串在專用串燒鐵叉上。

2. 氣炸鍋預熱190度，放入專用雙層串燒架，把松阪豬番茄串置於其上，可視氣炸鍋大小容量最多可放置4～5支，烤8分鐘即可完成。

五色蔬菜串 ·········· **難易度：**🔘🔘⚪⚪⚪ **預計時間：4分鐘**

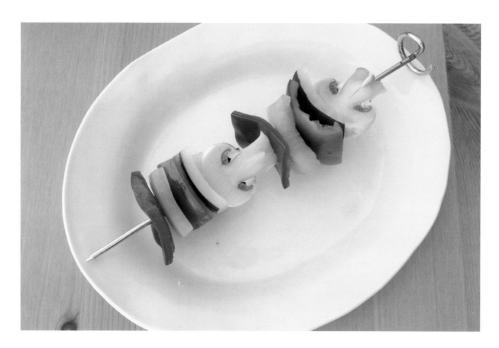

材料 (1～2人份)

紅甜椒	1片	磨菇	1顆
黃甜椒	1片	鹽	少許
青椒	1片	橄欖油	少許
紫洋蔥	1片		

步驟

1. 蔬菜切成統一尺寸，灑上鹽巴及橄欖油，串在專用串燒鐵叉上。

2. 氣炸鍋預熱190度，放入專用雙層串燒架，放入五色蔬菜串，可視氣炸鍋容量最多可下4～5支，烤4分鐘即可。

🕊 Tips

也可三串一起烤，變成「綜合串燒」。一樣將氣炸鍋預熱190度，放入專用雙層串燒架，先放入豬五花蒜苗串及松阪豬番茄串烤8分鐘，剩餘4分鐘時放入五色蔬菜串同烤。切記：食材需大小均一，及整齊串在串燒鐵叉上才會熟成均勻。

蔬菜烘蛋

清冰箱兼熱量低的好料理

難易度：●●○○○
預計時間：25分鐘

　　西式烘蛋是一道無論何時端上桌都深受歡迎的餐點，尤其它高纖熱量低，做法零難度，放在宵夜最好！只要把冰箱剩餘的彩色蔬菜切成末，倒進蛋液烤至金黃便成，比蒸蛋還容易掌握，連小朋友也能勝任！

材料（3人份）

雞蛋	3顆	鹽	1茶匙
櫛瓜(丁)	40克	黑胡椒	少許
小番茄(丁)	6顆	巴西里	1/2茶匙
黃甜椒(丁)	2湯匙	橄欖油	1茶匙
熟菠菜(段)	少許		

Tips　雞蛋用力打發，可將空氣打進蛋液，增加烘蛋的膨鬆感。

步驟

1. 雞蛋用力打發，加入鹽巴及黑胡椒拌勻。

2. 烤盤裡抹上橄欖油，放進所有蔬菜，倒入蛋液，灑上巴西里。

3. 氣炸鍋預熱190度，放入烤盤烤22分鐘。計時器剩餘15分鐘時，蓋上鋁箔紙，續烤至計時器提示聲響起便完成。

台灣燒番麥

美式烤玉米

台灣燒番麥VS.美式烤玉米

新舊口味的PK大戰

　　美式烤玉米，是美國近年流行的創意烤玉米吃法：把烤好的玉米沾上美乃滋，然後灑上各式各樣的配料，有鹹的、甜的，七彩繽紛好玩得很，口感也不一樣。但吃進口裡，卻讓人不由得懷念台灣夜市裡大喊「燒番麥」的醬油碳烤玉米啊！

台灣燒番麥 ────── 難易度：●●●○○　　預計時間：20分鐘

材料（4人份）

玉米	2根	芝麻醬	1茶匙
蔬菜油	少許	沙茶醬	1茶匙
醬油膏	1又1/2茶匙	水	1茶匙
糖	1茶匙	白芝麻	1湯匙

步驟

1. 玉米刷上蔬菜油。將醬油膏、糖、芝麻醬、沙茶醬和水拌勻成醬料。

2. 氣炸鍋預熱180度，玉米放在專用煎烤盤上，烤20分鐘。

3. 計時器剩餘8分鐘時，在玉米上刷上醬料，剩餘於5分鐘時刷第二次醬料。

4. 剩餘3分鐘時把溫度提高至200度，剩餘1分鐘刷第三次醬料。

5. 計時器提示聲響起，取出玉米，灑上白芝麻添香。

美式烤玉米 ──────── 難易度：●●●◐◐ 預計時間：**20分鐘**

材料 (1～2人份)

玉米	2根	辣椒粉	1茶匙
奶油	2茶匙	香菜葉(末)	1湯匙
美乃滋	1湯匙	檸檬汁	1/2湯匙
乳酪粉	1湯匙		

步驟

1. 玉米刷上奶油。

2. 氣炸鍋預熱180度，玉米放在專用煎烤盤上，烤20分鐘。

3. 計時器提示聲響起，取出玉米，刷上美乃滋，均勻灑上乳酪粉、辣椒粉、香菜葉，再擠檸檬汁便完成。

✍ Tips

市售的甜玉米或糯玉米都適合做烤玉米。

日式烤飯糰

吃進幸福的美味

　　每次上日本料理店，都會點一盤烤飯糰來吃。尤其米飯被烤得香香酥酥的，咬起來好有幸福的口感。後來發現，其實用氣炸鍋製作日式烤飯糰快又「歐伊系」！

難易度：●●○○○
預計時間：10分鐘

材料（4人份）

溫白飯	240克
拌飯香鬆	9克
醬油	1茶匙

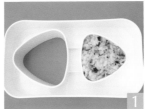

步驟

1. 白飯分成4份，1份60克。3份加入拌飯香鬆拌均勻，把飯分別放入三角飯糰模具，緊壓至結實，取出成3顆三角飯糰。另一份白飯放入三角飯糰模具後，緊壓至結實，取出後刷上醬油。

2. 氣炸鍋預熱180度，三角飯糰放入專用煎烤盤，噴油，烘烤6分鐘至微焦即可上桌。

Tips

· 如想達到鍋巴的脆感，可多烘烤2分鐘。
· 如沒有三角飯糰模具，可把60克白飯放在保鮮膜上包起來，用手塑成三角形狀。

延伸食譜
烤蛤蜊絲瓜

同樣的氣炸鍋料理方式，也可以用來烤蛤蜊
絲瓜。半條絲瓜洗淨去皮切半圓片，與吐沙
後的蛤蜊、薑絲、米酒一同放入深烤盤，蓋
上鋁箔紙並捏緊封口處，放入180度氣炸鍋裡
烤12分鐘至熟即可。

西班牙番茄蛤蜊

海洋與陸地精華交織的美味

遇熱出水的食材，最適合用燜烤的烹調方法。鋁箔紙底下的蛤蜊與番茄各自釋放鮮甜的味道，海洋與陸地的精華互相交織，簡單的原味永遠是最迷人。

難易度：●●●○○○　　**預計時間：18分鐘**

材料（4人份）

蛤蜊	15顆	香菜	少許
培根(丁)	1又1/2湯匙	白酒	1/2茶匙
小番茄(剖半)	36顆	橄欖油	1茶匙
蒜(末)	2瓣		

模具

深烤盤

步驟

1. 氣炸鍋預熱180度，培根丁放深烤盤上烤2分鐘。

2. 深烤盤加入蛤蜊、小番茄、蒜末及香菜葉，淋上白酒及橄欖油後拌勻，蓋上鋁箔紙並捏緊封口處，放回氣炸鍋以180度烤約12分鐘至蛤蜊殼張開。

3. 灑上新鮮香菜葉，以歐式鄉村麵包沾湯汁吃進口，滋味無窮。

Tips
・蛤蜊買回後，建議先浸泡鹽水吐砂後，再用菜瓜布將外殼刷乾淨。另外，蛤蜊已帶鹹味，可以不用加鹽巴。
・這裡的深烤盤是琺瑯製，可耐高溫，很適合小份的焗烤料理。也可用鋁箔紙折成盒子代替琺瑯烤盤。

脆香朝天椒魩仔魚

深夜食堂的最佳良選

　　鹹酥丁香魚是宵夜配啤酒的第一良選。但總覺得市面上的炸丁香魚太過油膩，改由自己做脆香朝天椒魩仔魚來下酒最好。不管是配茶還是配啤酒，脆脆的魩仔魚總是讓人停不下來，炸多少盤都不夠吃！

難易度：●●●○○　　　　**預計時間：12分鐘**

材料（2人份）

魩仔魚	150克
酥炸粉	2湯匙
蔥(末)	1根
小辣椒(薄片)	1根

步驟

1. 魩仔魚洗淨瀝乾，用廚房紙巾徹底吸乾水分，再裹上薄薄一層的酥炸粉。

2. 氣炸鍋預熱200度，在氣炸鍋專用網籃上鋪上鋁箔紙，放入魩仔魚，噴油在魚上及拌勻，氣炸8分鐘，中途翻面。

3. 計時器剩3分鐘時下辣椒片拌勻。計時器響起時加入蔥末，利用餘溫燜1分鐘即可盛盤上桌。

> Tips
> ・清洗魩仔魚可沖掉鹽分，才不過鹹。裹粉時要用手翻動，炸前再把多餘的粉甩掉，魩仔魚才酥脆。
> ・油是直接噴在魩仔魚上，不需預先噴在鋁箔紙上。

114

櫛瓜薄片串

一起做一道
Go Cooking!

櫛瓜培根卷

櫛瓜培根卷＆櫛瓜薄片串

在家變出異國BBQ氛圍

只要看到串燒鐵叉子，就馬上有戶外烤肉的氣氛！利用台
灣現在很紅的低卡、低GI（Glycemic Index，升醣指數）、高纖
及抗氧化的櫛瓜，在家裡變出異國BBQ的氛圍吧！

櫛瓜培根卷

難易度：●●○○○　　預計時間：8分鐘

材料（1～2人份）

綠櫛瓜	1/2根
黃櫛瓜	1/2根
培根	3片
鹽	少許
黑胡椒	少許
橄欖油	適量

步驟

1. 櫛瓜用刀橫切成0.2～0.3公分厚的長片。培根切成同櫛瓜片的長度。

2. 將櫛瓜片放在培根上捲起來，重複做成3卷（或更多），用專用串燒鐵叉串起來。

2. 氣炸鍋預熱190度，放入專用雙層串燒架，把櫛瓜培根卷串放入烤5分鐘。

櫛瓜薄片串

難易度：●●○○○　　預計時間：4分鐘

材料（1～2人份）

綠櫛瓜	1/2根
黃櫛瓜	1/2根
鹽	少許
黑胡椒	少許
橄欖油	適量

步驟

1. 將櫛瓜用削皮器削成長薄片，灑上少許鹽巴、黑胡椒及橄欖油，把薄片微微彎曲成「8」字型，用專用串燒鐵叉串起來。

2. 氣炸鍋預熱190度，放入專用雙層串燒架，把櫛瓜薄片串放置上面一起烤約1分鐘即可。

Tips

· 櫛瓜培根卷與櫛瓜薄片串也可以一起烤，一樣先將氣炸鍋預熱190度，放入專用雙層串燒架，先將櫛瓜培根卷串烤5分鐘，剩餘一分鐘時放入櫛瓜薄片串同烤。

· 棍棒型的櫛瓜要選約15公分以下，瓜體緊實，表皮顏色鮮豔有光澤便代表新鮮。

韓國韭菜煎餅

跟著歐爸吃最愛

看韓國電視裡的料理比賽節目，都會有「煎餅」這道題目，可見其重要性。其實，只要在食材裡加入粉漿或蛋液，放在油裡煎熟的，在韓國都算煎餅，再依自己喜好，加入海鮮、肉類、蔬菜、泡菜等。因此煎餅有軟的，也有脆的，去韓國旅遊進餐廳點餐時要問清楚。

難易度：●●●○○　　　**預計時間：11分鐘**

材料(2人份)

韭菜(段)	15克
小辣椒(絲)	1/2根
油	1湯匙

麵糊

酥炸粉	100克
水	80克

醋醬

醬油	3湯匙
白醋	2湯匙
糖	1/3湯匙

步驟

1. 酥炸粉加水拌均勻至沒有顆粒成麵糊。
2. 氣炸鍋放入專用烘烤鍋，倒油抹在鍋底，預熱200度。將麵糊倒進專用烘烤鍋攤開，放上韭菜段及小辣椒絲，噴油，氣炸8分鐘。
3. 計時器剩餘2分鐘時翻面煎至微金黃即可。
4. 煎餅切塊，沾醋醬油佐以食用。

Tips　在氣炸鍋裡倒進麵糊再細心擺上食材，比將食材與麵糊先混合，外觀更漂亮。

烤南瓜溫沙拉

吃得健康又美麗

　　沙拉對健康有益，也能當作減肥輕食餐。害怕生冷沙拉會造成身體不適的女性朋友，可以選一些適合烘烤的蔬菜做成溫沙拉。像營養豐富的南瓜，烤過之後軟硬度剛好，甜度更濃，又能提供飽足感。搭配生菜與松子，淋上低熱量的優格沙拉醬，吃得健康又美麗！

難易度：■■ **預計時間：15分鐘**

材料（1～2人份）

南瓜	200克
茄子	1/5條
鹽	少許
黑胡椒	少許
嫩葉生菜	30克
松子	1湯匙

優格芥末沙拉醬

優格	2湯匙
黃芥末	1茶匙
白醋	1/2 茶匙
鹽	少許
糖	少許

 Tips

・沙拉醬待要吃時再倒入，才不會讓生菜遇到鹽份大量出水變軟。
・南瓜皮能促進新陳代謝、防止骨質疏鬆及排毒，可連皮烘烤食用 。

步驟

1. 沙拉醬材料先拌勻放冰箱冷藏備用。南瓜去皮切大塊，茄子切大塊，撒上鹽及黑胡椒。

2. 氣炸鍋預熱180度，烘焙紙上放上南瓜及茄子，噴油，烤12分鐘。

3. 剩餘2分鐘時取出茄子，放入松子。計時器提示聲響起，取出南瓜及松子。

4. 將南瓜、茄子及嫩葉生菜裝盤，撒上松子，淋上沙拉醬便可享用。

延伸食譜
茭白筍田樂燒

茭白筍洗淨剝殼後對剖，表面劃交叉刀紋。氣炸鍋預熱180度，茭白筍放在氣炸鍋專用煎烤盤上，烤5分鐘至表面微乾，將味噌混合醬料抹在筍表面，放回氣炸鍋續烤2分鐘即完成。

日式白味噌
豆腐田樂燒

韓式辣醬
豆腐田樂燒

山葵味噌
豆腐田樂燒

韓式辣醬&日式白味噌&山葵味噌
豆腐田樂燒

一次吃到兩國三種不同風味

　　日本將味噌塗在豆腐或蔬菜上再燒烤的料理稱為「田樂」，可說是豆腐料理最基本的調味方式。各式味噌經過燒烤出來的香氣，非常誘人，做法簡單，也最能吃出豆腐的原味，連韓式料理也來湊熱鬧。

日式白味噌豆腐田樂燒 ……… **難易度：**●● **預計時間：8分鐘**

材料（1～2人份）

| 板豆腐 | 1塊 |
| 白芝麻 | 適量 |

白味噌醬料

白味噌	3茶匙
日式醬油	3/4茶匙
糖	3/4茶匙
芝麻粒	適量

步驟

1. 板豆腐壓重物出水，用廚房紙巾吸乾表面水分。並將板豆腐切成5公分×3公分×厚度1公分塊狀，插上竹籤。

2. 將白味噌醬料調配好，抹在豆腐表面（只抹單面），灑上芝麻。

3. 氣炸鍋預熱180度，豆腐放在已噴油的氣炸鍋專用煎烤盤上，烤5分鐘即完成。

Tips 豆腐先出水，讓口感堅實，烤的時候不易裂開。可以先微波3分鐘或用重物壓豆腐20分鐘，出來的水倒掉，再用廚房紙巾把表面水分吸乾後料理。

山葵味噌豆腐田樂燒 ………… 難易度：●●⚫⚫⚫　　預計時間：8分鐘

材料（1～2人份）
板豆腐	1塊
白芝麻	適量

山葵味噌醬料
山葵芥茉	1又1/2茶匙
白味噌	2茶匙
鰹魚醬油	3/8茶匙
糖	少許
芝麻粒	適量

步驟

1. 板豆腐壓重物出水，用廚房紙巾吸乾表面水分。並將板豆腐切成5公分×3公分×厚度1公分塊狀，插上竹籤。

2. 先將山葵味噌醬料（除芝麻粒）拌勻，抹在豆腐表面（只抹單面），灑上芝麻。

3. 氣炸鍋預熱180度，豆腐放在已噴油的氣炸鍋專用煎烤盤上，烤5分鐘即可。

韓式辣醬豆腐田樂燒

難易度：●●○○○　　　預計時間：8分鐘

材料（1～2人份）

板豆腐	1塊
白芝麻	適量

韓國辣醬醬料

韓國辣醬	2茶匙	糖	少許
蔥/薑/蒜(末)	各1/8茶匙	青辣椒片	1片
味醂	3/8茶匙		

步驟

1. 板豆腐壓重物出水，用廚房紙巾吸乾表面水分。並將板豆腐切成5公分×3公分×厚度1公分塊狀，插上竹籤。

2. 先將韓國醬料拌勻，抹在豆腐表面（只抹單面）上後，放上青辣椒片。

3. 氣炸鍋預熱180度，豆腐放在已噴油的氣炸鍋專用煎烤盤上，烤5分鐘。

Tips

視氣炸鍋容量可一次烤三支左右，而這道可以同時將韓式辣醬、日式白味噌、山葵味噌豆腐田樂燒一起烤。

PART6

輕鬆悠閒下午茶・Tea Time

熱狗鬆餅

一口接一口的可愛小點心

原味的鬆餅，沾上楓糖便是下課回來的點心。尤其搭配可愛造型的小鬆餅，小朋友一手一顆，吃得開心滿足。遇到野餐的日子，只要在鬆餅裡夾進小熱狗，又是能飽足的鹹點。半濃稠的點心麵糊，都可以用模型輔助做出受歡迎的作品。

難易度：●●░░░　　　**預計時間：8分鐘**

材料（2人份）

鬆餅粉	110克	小德國熱狗	6根
牛奶	50克	軟化奶油	2湯匙
雞蛋	1顆		

模具

金屬餅乾模

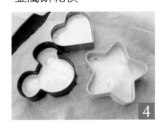

步驟

1. 小德國熱狗略為汆燙，瀝乾放涼切丁。
2. 鬆餅粉、鮮奶、雞蛋倒進深盆攪拌均勻，成麵粉糊。
3. 將金屬餅乾模具內側抹上奶油，以便脫模。
4. 氣炸鍋預熱180度，放入專用煎烤盤，鋪上烘焙紙，放入金屬餅乾模具，模具底部的烘焙紙也抹上奶油。
5. 麵粉糊倒進模具至5成滿，放進德國熱狗丁，輕壓至被麵粉糊掩蓋，烤5分鐘至表面呈金黃色。
6. 取出脫模，可單吃或沾番茄醬。

 Tips

- 鬆餅糊烘烤中會膨脹，倒麵糊入模具時只要大約八成即可，千萬不要倒滿模具，烤時會滿出來，破壞造形。
- 用牙籤插入鬆餅中央，拉出不沾代表已熟。

香蕉核桃麵包

少糖多健康的天然食品

香蕉太熟了怎麼辦？就來做香蕉麵包吧！熟成的香蕉味道特別香濃，拿來烘烤再適合不過了。因為有香蕉的甜味，所需加的甜味相對減少，健康加分！無論當早餐或下午茶都是大大滿足。

難易度：●●●○○　　**預計時間：45分鐘**

材料(4人份)

低筋麵粉	170克	植物油	65ml
泡打粉	1/2茶匙	紅糖	110克
小蘇打	1/8茶匙	香草精	1茶匙
熟香蕉	2根(約300克)	核桃(切塊)	50克
雞蛋	1顆		

模具

直徑13公分圓模

步驟

1. 將香蕉壓成泥。

2. 雞蛋放置室內回溫後略為打發。並取一深碗，將香蕉泥、蛋液、油，紅糖混合拌均勻。

3. 低筋麵粉、泡打粉及小蘇打充分混合後過篩到攪拌盆裡後，再倒進「步驟2」裡輕輕拌至剛好均勻便停。

4. 再拌入核桃，成麵糊。

5. 蛋糕模抹 上溶化奶油及灑上少許麵粉以防沾，然後將麵糊倒入。將氣炸鍋預熱170度，放進蛋糕模，烤45分鐘至全熟。取出稍為放涼後脫模。切片後可單吃，或抹上奶油味道更香。

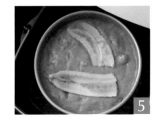

✎ Tips　香蕉用料理機攪成泥會更細緻，且節時。

在西班牙的路上，常見遊人手拿左手一包Churros吉拿棒，右手一小杯溫熱的巧克力。把炸得外酥內軟的吉拿棒沾上濃郁的巧克力，或肉桂粉，無論是熱死人的夏季，或是涼爽的春秋，甚至寒冷的冬日，誰還管熱量啊？

Churros吉拿棒

西班牙的經典平民點心

難易度：●●●○○　　**預計時間：13分鐘**

材料（4人份）

水	200ml
麵粉	100克
無鹽奶油	50克
紅糖	2湯匙
鹽	少許
香草精	1茶匙
雞蛋	2顆
溶化無鹽奶油液（沾糖用）	60ml

肉桂糖粉

肉桂粉	適量
特細砂糖	50克

模具

擠花袋＋擠花嘴

🕊 Tips

- 擠出的麵糰可隨自己喜歡增長或縮短，或做成造型。
- 可一次多做一些放密封盒冷藏，吃的時候再烤熱一樣外酥內軟。

步驟

1. 先在瓦斯爐上將水、無鹽奶油、紅糖及鹽，中小火加熱攪拌煮至溶化。

2. 關火後加入麵粉，快速以刮刀拌勻，移離爐火到旁邊繼續攪拌成糰。然後加入香草精攪拌均勻，再將兩顆全蛋分4次加入攪拌均勻，直到蛋汁被麵糰吸收。

3. 麵糰放入擠花袋（5條型或星型花嘴），在烘焙紙上，依次擠出麵糰約8公分長度。

4. 氣炸鍋預熱180度，將吉拿棒連同烘焙紙放在專用烘烤盤上，烘烤10分鐘至金黃。

5. 肉桂粉與特細砂糖混合成肉桂糖粉。

6. 將烘焙完成的吉拿棒，均勻沾上已備好的溶化奶油液，再沾上已混合的肉桂糖粉。或是依口味選擇單吃原味或沾巧克力醬，甚至霜淇淋都美味。

M&M美式大餅乾

親子一起動手做的美食魔力

小時候考試100分，媽媽總會送我一包M&M巧克力獎勵。慢慢M&M成為正面能量的象徵，累了找阿紅、阿黃、阿藍療癒成為習慣，連馬拉松比賽也一定帶上補充體力。做餅乾時突然心血來潮，把身邊的M&M巧克力抓一把下去，外表無趣的餅乾頓生朝氣，這就是M&M的魔法。

難易度：●●●○○　　　　**預計時間：18分鐘**

材料（約20片）

無鹽奶油	100克	低筋麵粉	120克
紅糖	70克	泡打粉	2/3茶匙
雞蛋	1顆	M&M牛奶巧克力	50克

步驟

1. 奶油置室溫變軟，拌入紅糖。將雞蛋分3～4次拌入。

2. 低筋麵粉及泡打粉過篩後混合，以直切方式加以攪拌均勻。

3. 加入一半份量M&M巧克力，攪拌至集結成塊。

4. 手捏成圓形餅乾狀放在烘焙紙上，並將剩餘一半的M&M巧克力輕壓在餅乾表面。氣炸鍋預熱170度，將餅乾放進專用烘烤鍋，每塊需有一定間隔，烘焙15分鐘至熟。

🐟 Tips

低筋麵粉及泡打粉不要攪拌過久，避免變硬。

法式焦糖烤布蕾

氣炸鍋也可以水浴法

氣炸鍋也可以用水浴法來做綿密又滑順的法式焦糖烤布蕾！比較用噴槍烤出表面的焦糖玻璃片，家人更喜歡氣炸鍋瞬間把細砂糖烤出沙沙的脆感呢！

難易度：●●●●◐　　　　**預計時間：40分鐘**

材料（3人份）

鮮奶油	200克
糖	25克
蛋黃	2顆
香草精	1/4茶匙
細砂糖（撒表面）	3茶匙

模具

玻璃或陶瓷做的小烤盅　3個

 步驟

1. 鮮奶油及香草精拌勻，倒入小鍋以小火煮熱，沸騰前關火，靜置略為降溫。另準備深碗將2顆蛋黃打散後加入糖攪拌。

2. 將煮過的香草鮮奶油倒進蛋黃液迅速拌勻。過篩成布丁液，倒進小烤盅。

3. 氣炸鍋專用烘烤鍋倒入400ml水，放進氣炸鍋，預熱150度。預熱完成後，放入小烤盅（水約蓋至烤盅一半的高度），烤30分鐘。

4. 計時器剩餘15分鐘時蓋上鋁箔紙。

5. 計時器提示聲響起，取出烤盅放涼，放入冰箱冷藏至少4小時。食用前在布丁表面撒上1茶匙的細砂糖。

6. 氣炸鍋預熱200度，將撒了細砂糖的布丁放入，烤5分鐘（不用蓋鋁箔紙）至表面砂糖大部份溶解。

Tips
- 氣炸鍋專用烘烤鍋要先放進氣炸鍋才注水，如先裝水才放入氣炸鍋，水會容易倒翻。
- 確認布丁是否熟透？可拿牙籤插入中央確認沒有黏著物便代表已熟。
- 表面撒糖可改以焦糖漿或其他糖漿代替。另表面細砂糖也可用噴槍烘至溶化成焦黃色。

抹茶白巧克力
蛋糕

日式抹茶
磅蛋糕

日式抹茶磅蛋糕VS.抹茶白巧克力蛋糕

把父母的愛包在一起

為父母親手做的蛋糕，載滿女兒的愛心。媽媽是抹茶控，爸爸愛白巧克力，細心的女兒巧妙把抹茶與白巧克力結合，蛋糕的邊緣的第一口，從白巧克力濃甜再嚐到抹茶的微苦。接著蛋糕中心是抹茶的茶香包著白巧克力的奶香，立體的層次，感動的味覺體驗，真捨不得吃完！

日式抹茶磅蛋糕

難易度：⬛⬛⬛⬛🍰　預計時間：**38分鐘**

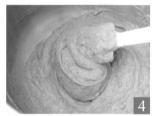

材料（4人份）

無鹽奶油	85克	泡打粉	1茶匙
糖	100克	鹽	少許
低筋麵粉	145克	鮮奶	80克
抹茶粉	5克		

模具

15x7x6公分蛋糕模

步驟

1. 無鹽奶油置室溫軟化，放進攪拌碗，加糖拌勻。另取一深碗將雞蛋充分打發後，分3～4次加入攪拌碗中拌勻。

2. 先將低筋麵粉及泡打粉過篩後，加入抹茶粉及鹽混合拌勻。

3. 將所有粉狀材料全部倒進步驟一的麵糊裡充分拌勻。

4. 倒入鮮奶，再略為攪拌一下成抹茶麵糊。

5. 在長形蛋糕模抹上奶油，倒進抹茶麵糊至模具8成滿。氣炸鍋預熱170度，放進蛋糕模，烤35分鐘，抹茶蛋糕完成。

抹茶白巧克力蛋糕……

難易度：

預計時間：38分鐘

材料(4人份)

日式抹茶磅蛋糕　　1個

白巧克力糖衣

白巧克力	60克
鮮奶油	20ml

步驟

1. 製作完前面用氣炸鍋烤的「日式抹茶磅蛋糕」後。接下來製作白巧克力糖衣。

2. 將白巧克力放入器皿中，隔水加熱溶化後，與鮮奶油拌勻成白巧克力醬。

3. 在烘焙完成的抹茶蛋糕上用筷子等距離插10個洞，然後在蛋糕表面淋上白巧克力醬，讓巧克力醬沿洞口流進蛋糕裡。

4. 放涼後冷藏待白巧克力醬凝固，便可以切片吃了。

Tips

・糖衣也可用糖霜或黑巧克力醬替代。
・蛋糕冷藏後可用氣炸鍋170度加熱2分鐘再食用。

每年六月的第一個周五，是
National Donut Day美國甜甜圈日。這
是1938年芝加哥為了紀念參加第一次
世界大戰的美國士兵而做甜甜圈，延
續至今。而甜甜圈蛋糕是其中一款，
滋味也比現代甜甜圈更多了一份樸實
的美國懷舊情調。

巧克力甜甜圈蛋糕

美式懷舊風格的口味

難易度：●●●●○　　**預計時間：10分鐘**

材料（約6顆）

雞蛋	2顆	低筋麵粉	150克
砂糖	35克	泡打粉	5克
無鹽奶油	20克		

巧克力醬

黑巧克力塊	150克
鮮奶油	適量

步驟

1. 雞蛋放入鋼盆打勻，倒入砂糖拌勻，續加置室溫軟化的無鹽奶油拌勻。低筋麵粉與泡打粉混和後過篩加入鋼盆內，用刮刀攪拌成麵糰。

2. 將麵糰壓平約2公分厚，包上保鮮膜冷藏半小時。

3. 取出麵糰，用擀麵棍擀成1公分厚麵皮，再取直徑7公分圓模壓出圓形麵皮。再取直徑2公分圓模在圓形麵皮中央壓出圓孔。最後取直徑5公分圓模在圓形麵皮輕壓出圓圈圖案，記住輕壓不要壓到底。

4. 氣炸鍋預熱200度，專用網籃上噴油，放入甜甜圈後表面噴油，氣炸5分鐘至金黃，取出放涼。

5. 巧克力塊隔水加熱溶化後，加入鮮奶油拌勻成巧克力醬，將甜甜圈表面沾上巧克力醬，待巧克力凝固後便可以吃了。

 Tips

巧克力醬可用細砂糖或糖霜替代。而且冷藏後更好吃。

炸芋泥球&炸芋泥吐司卷

老少咸宜的中式點心上桌啦!

每當上中式料理的餐館時,只要飯後甜點遇上芋泥甜點,我一定吃雙份!
尤其傳統辦桌出現的子彈型芋泥球及炸芋泥吐司捲,酥酥的外皮,包著綿密
口感的芋泥,咬下就有很純的芋泥甜香卻不膩口,老少咸宜的古早味。

炸芋泥吐司卷

炸芋泥球

炸芋泥球

難易度：●●●○○　預計時間：**13分鐘**

材料（約8顆）

芋頭	150克
奶油	20克
砂糖	15克
雞蛋	1顆
麵包粉	1/2杯

步驟

1. 芋頭去皮切塊。萬用鍋加水一杯，用密封煮粥模式把芋頭蒸軟。

2. 奶油放室溫至軟化，雞蛋打勻。把蒸好的芋頭壓成泥，加入奶油及砂糖拌勻。

3. 將2茶匙份量的芋泥捏成子彈型。沾蛋液後再沾上麵包粉，放置5分鐘反潮後噴上油。

4. 氣炸鍋預熱180度，網籃上噴油，放入芋泥球氣炸10分鐘，計時器剩5分鐘時翻面，炸至表面金黃，即可取出。

Tips：手沾點水捏芋泥球，較容易成型，不容易散開。

炸芋泥吐司卷

難易度：●●●○○　預計時間：**8分鐘**

材料（約8顆）

芋頭	150克	吐司	6片
奶油	20克	雞蛋	1顆
砂糖	15克	白芝麻	12茶匙

Tips
・要用新鮮吐司才好捲，隔夜吐司容易裂開。
・芋頭切塊後也可用電鍋加1杯水蒸軟。

步驟

1. 芋頭去皮切塊。萬用鍋加水一杯，用密封煮粥模式蒸軟。奶油放室溫至軟化，雞蛋打勻。把蒸好的芋頭壓成泥，加入奶油及砂糖拌勻。到此步驟與「炸芋泥球」前半段相同。

2. 吐司去邊，用擀麵棍壓平，對切成兩份。將1茶匙芋泥塗在一份吐司的中央，捲起圓筒狀，把尾端輕壓封口。

3. 吐司卷沾蛋液，裹上芝麻，噴油在表面。

4. 氣炸鍋預熱180度，炸籃上噴油，把吐司卷放在炸籃上，中途翻面，炸5分鐘至金黃便可取出。

炸、烤、煎、烘、焗、醬燒，一鍋多用！
氣炸鍋，零失敗 80 道美味提案

作者／JJ5 色廚 (張智櫻)、超馬先生 (陳錫品)、宿舍廚神 (陳依凡)
攝影／JJ5 色廚（張智櫻）
美術編輯／廖又頤、爾和、Arale
執行編輯／李寶怡
企畫選書人／賈俊國

總編輯／賈俊國
副總編輯／蘇士尹
資深主編／吳岱珍
編輯／高懿萩
行銷企畫／張莉滎、廖可筠、蕭羽猜

發行人／何飛鵬
出版／布克文化出版事業部
台北市民生東路二段 141 號 8 樓
電話：02-2500-7008
傳真：02-2502-7676
Email：sbooker.service@cite.com.tw

發行／英屬蓋曼群島商家庭傳媒股份有限公司城邦分公司
台北市中山區民生東路二段 141 號 2 樓
書虫客服服務專線：02-25007718；25007719
24 小時傳真專線：02-25001990；25001991
劃撥帳號：19863813；**戶名**：書虫股份有限公司
讀者服務信箱：service@readingclub.com.tw

香港發行所／城邦（香港）出版集團有限公司
香港灣仔駱克道 193 號東超商業中心 1 樓
電話：+86-2508-6231　**傳真**：+86-2578-9337
Email：hkcite@biznetvigator.com
馬新發行所／城邦（馬新）出版集團 Cité (M) Sdn.
Bhd.41, Jalan Radin Anum, Bandar Baru Sri Petaing, 57000 Kuala Lumpur, Malaysia
電話：+603- 9057 -8822
傳真：+603- 9057 -6622
Email：cite@cite.com.my
印刷／韋懋實業有限公司
初版／ 2017 年（民 106）7 月　 2019 年（民 108）9 月初版 8.5 刷
售價／新台幣 380 元
ISBN ／ 978-986-94494-4-6

城邦讀書花園　布克文化　PHILIPS
www.cite.com.tw　WWW.SBOOKER.COM.TW